婺源
醉美自然保护地

婺源县发展和改革委员会
婺源县老科学技术工作者协会
江西婺源森林鸟类国家级自然保护区管理中心 编

中国科学技术大学出版社

U0259087

内 容 简 介

婺源县的生物多样性极为丰富,本书重点阐述婺源自然保护地发展历程、婺源自然保护地类型、婺源自然保护地生态系统、婺源自然保护地自然遗迹、婺源自然保护地自然景观、婺源自然保护地生物多样性、婺源自然保护地生态价值等,并对婺源县自然保护地的重要史料进行深入挖掘、整理和研究。本书对于提高全社会对自然保护地重要性的认识具有重要意义。

图书在版编目(CIP)数据

婺源醉美自然保护地/婺源县发展和改革委员会,婺源县老科学技术工作者协会,江西婺源森林鸟类国家级自然保护区管理中心编.—合肥:中国科学技术大学出版社,2024.1
　　ISBN 978-7-312-05886-8

Ⅰ.婺…　Ⅱ.①婺…②婺…③江…　Ⅲ.自然保护区—婺源县
Ⅳ.S759.992.564

中国国家版本馆CIP数据核字(2024)第019006号

婺源醉美自然保护地
WUYUAN ZUI MEI ZIRAN BAOHUDI

出版	中国科学技术大学出版社
	安徽省合肥市金寨路96号,230026
	http://press.ustc.edu.cn
	https://zgkxjsdxcbs.tmall.com
印刷	合肥华苑印刷包装有限公司
发行	中国科学技术大学出版社
开本	710 mm×1000 mm　1/16
印张	14.5
字数	208千
版次	2024年1月第1版
印次	2024年1月第1次印刷
定价	69.00元

组织委员会

顾 问

徐树斌　周华兵

主 任

杨 威

副主任

汪桂福　何宇昭　朱春华　吴进良

委员（以姓氏笔画为序）

田 双　毕新丁　吕富来　江国旺　杨光耀　吴 斌
邹金浪　张凤莺　胡新华　郭连金　黄志英　彭焱松

编写委员会

主 编

毕新丁

副主编

杨 军　汪发林

撰稿（以姓氏笔画为序）

王永红　牛 娟　毛小涛　叶 清　叶林江　乐翔兆　毕新丁
吕志杰　吕富来　朱春华　齐希勇　李 玲　杨 军　吴 斌
余义亮　邹金浪　汪发林　汪桂福　张 琳　张惠宁　张微微
欧阳勋志　　周赛霞　胡盛英　祝 维　徐志彬　郭连金
黄 超　彭焱松　程斯尧　程然然　程薪宇　詹荣达　潘志锋
薛苹苹　戴 炜　戴 珺

图片征集

婺源县林业局

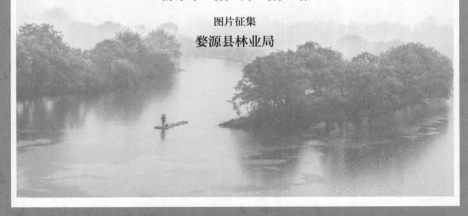

序

从追求简单的家园舒适，到接受以朱子理学为代表的中国古代哲学自然生态思想的影响，再到今天以科学为指导的有完整法律法规和规划设计的生态保护和建设，婺源已经走过了千余年的历程。

一千多年来，我们的前人有过杀猪封山、禁渔养河、保龙护脉等种种探索和行动，深蕴爱鸟养生、规划家园、造福子孙的朴素情怀、道德观念、文化意识；改革开放以来的历届婺源县委县政府大规模实施退耕还林、建设自然小区、长期禁伐阔叶林、保护生态水源等工程，始终把开发和保护有机结合起来，大力发展生态经济，为我们留下了丰厚的生态遗产。而今天的我们，映照在习近平新时代中国特色社会主义思想的阳光下，更有智慧，更有信心，更有意志，更有力量，将婺源这方美丽的土地建设成人们幸福生活的样板家园，留给子孙后代，留给千千万万热爱婺源、向往婺源、享受婺源的各方宾客。

这是一场不容任何懈怠的接力赛，今天，这根接力棒已经握在了我们的手中，责任重大，利在千秋。而深化对于自然保护地价值的认识，加大规划和建设力度，为婺源经济社会和谐发展贡献力量，正是其中的重要一环。

婺源县发展和改革委员会和县老科学技术工作者协会经过长期谋划和准备，组织了一批长期深入婺源、了解婺源、研究婺源的各地高校科研工作者和本地专家学者，编写了这本《婺源醉美自然保护地》。书中回顾了婺源县自然保护地的建设历程，更重要的是相对系统地引领读者从宏观到微观，从不同的角度，步步走进婺源丰富多彩、千变万化的生物世界之中，了解一茎草、一棵树、一只鸟、一汪水，甚至是一场场春风夏雨、一次次秋收冬藏，与我们人类之间息息相关的联系，以及这些联系为人类幸福生活带来的巨大价值，深入浅出地解说习近平总书记关于"绿山青山就是金山银山"论述的真知灼见。本书对我们未来的生态保护建设工作来说，是一本重要的参考资料。

江泽民同志于2001年5月视察婺源时，对婺源的生态和文化建设给予了高度赞扬，并谆谆告诫我们，"关键是要按照社会主义市场经济的发展要求，因地制宜，搞好规划，加强开发，加强管理，加强技术创新，使这些潜在的优势成为现实的发展优势"。20余年来，历届县委县政府和全县人民正是按照这一要求努力工作，才取得了良好的成绩。

2023年10月11日，习近平总书记视察婺源，对于秋口镇石门村的生态保护和生态环境给予了充分肯定，对于当地发展特色旅游、茶产业、推进乡村振兴的成效感到十分高兴。他指出，优美的自然环境本身就是乡村振兴的优质资源，要找到实现生态价值转换的有效途径，让群众得到实实在在的好处。

习近平总书记的现场教导，为我们的乡村振兴工作指明了方向，提出了更高的要求，也给予了巨大的力量。沉浸在巨大幸福之中的婺源人民，更当以巨大的热情，沿着"实现生态价值转换的有效途径"，用实际行动和显著效果，向习近平总书记作出坚定的答复，把乡村建设得更美丽，让日子越过越开心、越过越幸福！

婺源县生态文明建设领导小组

目录

习近平总书记关于生态文明、
自然保护地的重要论述

　　生态文明建设是建设社会主义现代化强国的应有之义，是关系中华民族永续发展的根本大计。自党的十八大以来，以习近平同志为核心的党中央高度重视生态文明建设，习近平总书记围绕着生态环境保护、人居环境改善、物种多样性保护等议题的系列重要论述，明确了生态文明建设的重要内涵、工作原则和关键抓手。其中，自然保护地是生态建设的核心载体和维护国家生态安全的首位要素。通过回顾习近平总书记关于生态文明和自然保护地的论述，有助于对习近平生态文明思想和建设自然保护地体系的全面认识，辩证看待生态环境保护与经济建设的关系，将自然保护意识内化于心、外化于行。

一、锚定生态高质量发展，高扬生态文明旗帜

　　党的十八大首次将生态文明建设纳入"五位一体"中国特色社会主义总体布局，彰显了党中央坚决做好生态文明建设工作的决心，顺应时代发展趋势和人民对美好生活向往的初心，建设、建成"美丽中国"的信心。此后，以习近平同志为核心的党中央开展了一系列根本性、开创性、长远性工作，取得了斐然的成效。

　　2013年5月24日，习近平总书记在十八届中共中央政治局第六次集体学习时指出："生态环境保护是功在当代、利在千秋的事业。"[①]同年7月18日，习近平总书记在给生态文明贵阳国际论坛2013年年会的贺信中写道：中国将按照尊重自然、顺应自然、保护自然的理念，贯彻节约资源和保护环境的基本国策，更加自觉地推动绿色发展、循环

---

① 习近平.习近平谈治国理政：第一卷[M].北京：外文出版社，2014：374.

发展、低碳发展，把生态文明建设融入经济建设、政治建设、文化建设、社会建设各方面和全过程，形成节约资源、保护环境的空间格局、产业结构、生产方式、生活方式，为子孙后代留下天蓝、地绿、水清的生产生活环境。①

2016年8月24日，习近平总书记在青海考察工作进入尾声时讲道："现在温饱问题稳定解决了，保护生态环境就应该而且必须成为发展的题中应有之义。"②

2017年5月26日，在十八届中共中央政治局第四十一次集体学习时，习近平总书记就推动形成绿色发展方式和生活方式，明确提出六项任务：加快转变经济发展方式、加大环境污染综合治理、加快推进生态保护修复、全面促进资源节约集约利用、倡导推广绿色消费以及完善生态文明制度体系。③

2017年10月18日，习近平总书记在十九大报告中再次强调："建设生态文明是中华民族永续发展的千年大计。"④他指出："我们要建设的现代化是人与自然和谐共生的现代化，既要创造更多物质财富和精神财富以满足人民日益增长的美好生活需要，也要提供更多优质生态产品以满足人民日益增长的优美生态环境需要。"⑤要从"推进绿色发展""着力解决突出环境问题""加大生态系统保护力度"和"改革生态环境监管体制"四个方面抓牢生态文明建设工作。

2018年5月18日，习近平总书记在全国生态环境保护大会上发表

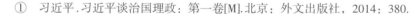

① 习近平.习近平谈治国理政：第一卷[M].北京：外文出版社，2014：380.

② 习近平.习近平谈治国理政：第二卷[M].北京：外文出版社，2017：659.

③ 习近平.习近平谈治国理政：第二卷[M].北京：外文出版社，2017：665-667.

④ 习近平.决胜全面建成小康社会 夺取新时代中国特色社会主义伟大胜利：在中国共产党第十九次全国代表大会上的报告[EB/OL].（2017-10-27）[2023-11-15].http：//news.cnr.cn/native/gd/20171027/t20171027_524003098.shtml.

⑤ 新华社.习近平指出，加快生态文明体制改革，建设美丽中国[EB/OL].（2017-10-18）[2023-11-15].https：//www.gov.cn/zhuanti/2017-10-18/content_5232657.htm.

讲话，他表示："我对生态环境工作历来看得很重。"在整个发展过程中"要像保护眼睛一样保护生态环境，像对待生命一样对待生态环境，多谋打基础、利长远的善事，多干保护自然、修复生态的实事，多做治山理水、显山露水的好事，让群众望得见山、看得见水、记得住乡愁，让自然生态美景永驻人间，还自然以宁静、和谐、美丽"①。

2019年4月28日，习近平总书记在中国北京世界园艺博览会开幕式上发表题为"共谋绿色生活，共建美丽家园"的重要讲话，他表示"纵观人类文明发展史，生态兴则文明兴，生态衰则文明衰"②，并以五个"应该"呼吁参会嘉宾携手共建美丽家园，共同治理环境危机。

2021年4月30日，习近平总书记在十九届中共中央政治局第二十九次集体学习时提到："生态环境保护和经济发展是辩证统一、相辅相成的，建设生态文明、推动绿色低碳循环发展，不仅可以满足人民日益增长的优美生态环境需要，而且可以推动实现更高质量、更有效率、更加公平、更可持续、更为安全的发展，走出一条生产发展、生活富裕、生态良好的文明发展道路。"③

2022年10月16日，习近平总书记在二十大报告中总结自十八大以来的历史性成就，他表示："生态环境保护发生历史性、转折性、全局性变化，我们的祖国天更蓝、山更绿、水更清。"新时代新征程，要认识到"中国式现代化是人与自然和谐共生的现代化"，要继续"坚持可持续发展，坚持节约优先、保护优先、自然恢复为主的方针……坚定不移走生产发展、生活富裕、生态良好的文明发展道路，实现中华民

习近平总书记关于生态文明、自然保护地的重要论述

① 习近平.习近平谈治国理政：第三卷[M].北京：外文出版社：2020：626.

② 习近平.习近平谈治国理政：第三卷[M].北京：外文出版社：2020：649.

③ 新华社.习近平主持中央政治局第二十九次集体学习并讲话[EB/OL].（2021-05-01）[2023-11-15].https://www.gov.cn/xinwen/2021-05/01/content_5604364.htm.

族永续发展"①。

2023年7月17日至18日，全国生态环境保护大会在北京召开，习近平总书记出席会议并发表重要讲话。他强调，今后五年是美丽中国建设的重要时期，要深入贯彻新时代中国特色社会主义生态文明思想，正确处理高质量发展和高水平保护的关系、重点攻坚和协同治理的关系、自然恢复和人工修复的关系、外部约束和内生动力的关系以及"双碳"承诺和自主行动的关系。②

2023年8月15日，习近平总书记在首个全国生态日上发表重要讲话，进一步阐明生态文明建设的发展方向。他呼吁"生态文明是人民群众共同参与共同建设共同享有的事业""全社会行动起来做绿水青山就是金山银山理念的积极传播者和模范践行者"，新时代巩固发展生态文明建设成果必须要"搭建好制度框架，抓好制度执行，同时充分调动广大人民群众的积极性主动性创造性"③。

二、凝结生态文明思想，牢记"两山"理念

习近平总书记关于生态文明建设的科学论断是马克思主义中国化在生态领域的重要成果，涵盖了社会发展建设方方面面的系统性论述。其中，"两山"理念是习近平生态文明思想的重要组成部分，揭示了经济建设与生态环境保护的辩证关系。

2013年4月，习近平总书记在海南考察时指出："对人的生存来

---

① 新华社.习近平：高举中国特色社会主义伟大旗帜 为全面建设社会主义现代化国家而团结奋斗：在中国共产党第二十次全国代表大会上的报告[EB/OL].（2022-10-25）[2023-11-15].https://www.gov.cn/xinwen/2022-10/25/content_5721685.htm.

② 新华网.习近平在全国生态环境保护大会上强调 全面推进美丽中国建设 加快推进人与自然和谐共生的现代化[EB/OL].（2023-07-18）[2023-11-15].http://news.cnr.cn/native/gd/sz/20230718/t20230718_526334173.shtml.

③ 新华社.首个全国生态日，领会总书记重要指示的深意[EB/OL].（2023-08-16）[2023-11-15].http://www.qstheory.cn/qshyjx/2023-08/16/c_1129805611.htm.

说，金山银山固然重要，但绿水青山是人民幸福生活的重要内容，是金钱不能代替的。你挣到了钱，但空气、饮用水都不合格，哪有什么幸福可言。"①

2013年9月7日，习近平主席在哈萨克斯坦纳扎尔巴耶夫大学发表重要演讲。在回答学生们关于环境保护的问题时，习近平主席强调："中国要实现工业化、城镇化、信息化、农业现代化，必须要走出一条新的发展道路。中国明确把生态环境保护摆在更加突出的位置。我们既要绿水青山，也要金山银山。宁要绿水青山，不要金山银山，而且绿水青山就是金山银山。我们绝不能以牺牲生态环境为代价换取经济的一时发展。我们提出了建设生态文明、建设美丽中国的战略任务，给子孙留下天蓝、地绿、水净的美好家园。"②

2015年全国两会期间，习近平总书记参加江西代表团审议时指出："环境就是民生，青山就是美丽，蓝天也是幸福。要像保护眼睛一样保护生态环境，像对待生命一样对待生态环境。对破坏生态环境的行为，不能手软，不能下不为例。"③

2016年11月28日，习近平总书记在关于做好生态文明建设工作的批示中强调："各地区各部门要切实贯彻新发展理念，树立'绿水青山就是金山银山'的强烈意识，努力走向社会主义生态文明新时代。"④

在2018年5月召开的全国生态环境保护大会上，习近平总书记指出新时代推进生态文明建设，要坚持六项原则：坚持人与自然和谐共

① 中共中央文献研究室.习近平关于社会主义生态文明建设论述摘编[M].北京：中央文献出版社，2017.

② 人民日报.让绿水青山造福人民泽被子孙：习近平总书记关于生态文明建设重要论述综述[EB/OL].（2021-06-03）[2023-11-15].https://www.gov.cn/xinwen/2021-06/03/content_5615092.htm.

③ 共产党员网.习近平妙论生态环保[EB/OL].（2018-11-15）[2023-11-15].https://news.12371.cn/2018/05/18/ARTI1526623713498778.shtml.

④ 习近平.习近平谈治国理政：第二卷[M].北京：外文出版社，2017：661.

生；绿水青山就是金山银山；良好生态环境是最普惠的民生福祉；山水林田湖草是生命共同体；用最严格的制度、最严密的法治保护生态环境；共谋全球生态文明建设①。这次大会也正式确立了习近平生态文明思想。

三、建设自然保护地体系，守护民族宝贵财富

根据中共中央办公厅、国务院办公厅在2019年6月印发的《关于建立以国家公园为主体的自然保护地体系的指导意见》，自然保护地是由各级政府依法划定或确认，对重要的自然生态系统、自然遗迹、自然景观及其所承载的自然资源、生态功能和文化价值实施长期保护的陆域或海域。自然保护地体系建设在生态文明建设中具有重要地位，自然保护地是生态建设的核心载体、中华民族的宝贵财富、美丽中国的重要象征，在维护国家生态安全中居于首要地位。②

2021年3月7日，习近平总书记在参加十三届全国人大四次会议青海代表团审议时指出："把生态保护放在首位，体现了生态保护的政治自觉……在建立以国家公园为主体的自然保护地体系上走在前头，让绿水青山永远成为青海的优势和骄傲，造福人民、泽被子孙。"③

2021年6月，习近平总书记在青海考察时强调："生态是我们的宝贵资源和财富。要落实好国家生态战略，总结三江源等国家公园体制试点经验，加快构建起以国家公园为主体、自然保护区为基础、各类自然公园为补充的自然保护地体系，守护好自然生态，保育好自然资

① 新华社.习近平出席全国生态环境保护大会并发表重要讲话[EB/OL].（2018-05-19）[2023-11-15].https：//www.gov.cn/xinwen/2018-05/19/content_5292116.htm.

② 新华社.中共中央办公厅 国务院办公厅印发《关于建立以国家公园为主体的自然保护地体系的指导意见》[EB/OL].（2019-06-26）[2023-11-15]. https：//www.gov.cn/zhengce/2019-06/26/content_5403497.htm.

③ 张学元.以高质量发展引领国家公园建设[N].青海日报，2021-07-13(012).

源，维护好生物多样性。"①

自然保护地体系建设在保护生物多样性上有着重要作用，在2021年10月12日的《生物多样性公约》第十五次缔约方大会领导人峰会上，国家主席习近平在多国领导人面前指出："为加强生物多样性保护，中国正加快构建以国家公园为主体的自然保护地体系，逐步把自然生态系统最重要、自然景观最独特、自然遗产最精华、生物多样性最富集的区域纳入国家公园体系。"②

此外，习近平总书记在《关于建立以国家公园为主体的自然保护地体系的指导意见》《中华人民共和国国民经济和社会发展第十四个五年规划和2035年远景目标纲要》等重要政策文件中也就"建设什么样的自然保护地体系""如何建设自然保护地体系"等问题展开了论述。未来，我国将牢牢坚持习近平生态文明思想，高扬生态文明旗帜，不断朝着建成以国家公园为主体的自然保护地体系而努力奋斗！

（杨军　辑）

①　中央广播电视总台央视新闻. 习近平在青海考察时强调 坚持以人民为中心深化改革开放 深入推进青藏高原生态保护和高质量发展[EB/OL].（2021-06-09）[2023-11-15].http://news.cnr.cn/native/gd/20210609/t20210609_525508681.shtml.

②　新华网. 习近平：中国正加快构建以国家公园为主体的自然保护地体系[EB/OL].（2021-10-12）[2023-11-15]. http://www. qstheory. cn/yaowen/2021-10/12/c_1127949359.htm.

图片来源:央视新闻

生态治理新范本：习近平总书记实地考察石门村生态建设成果

　　2023年10月11日下午，习近平总书记来到上饶市婺源县秋口镇王村石门自然村。这里是饶河源国家湿地公园的中心区，也是极度濒危鸟类蓝冠噪鹛自然保护小区，植被多样、生态良好。习近平详细了解了湿地公园和蓝冠噪鹛保护等情况。村广场上正在"晒秋"，一排排晒盘盛满红豆、玉米、辣椒等，格外喜人。美术学院的师生正在此地采风写生，习近平驻足观看，同他们亲切交流，鼓励他们打好基本功。得知当地发展特色旅游、茶产业，推进乡村振兴成效显著，习近平十分高兴，他指出，优美的自然环境本身就是乡村振兴的优质资源，要找到实现生态价值转换的有效途径，让群众得到实实在在的好处。乡

村要振兴，关键是把基层党组织建好、建强。基层党组织要成为群众致富的领路人，确保党的惠民政策落地见效，真正成为战斗堡垒。

离开村子时，村民们热情欢送习近平总书记。习近平亲切地表示，中国式现代化既要有城市的现代化，又要有农业农村现代化，他很关注乡村振兴。希望村民们能保护好自然生态，把传统村落风貌和现代元素结合起来，坚持中华民族的审美情趣，把乡村建设得更美丽，让日子越过越开心、越过越幸福！

新华社记者
谢环驰 摄

一处弥足珍贵的"地球之肾"

石门村地处饶河源国家湿地公园的中心地带，整个湿地公园面积300余公顷，为天然湿地。2016年成功入选国家湿地公园，2020年被列入第一批《国家重要湿地名录》。

"栽下梧桐树，引得凤凰来。"饶河源国家湿地公园绝佳的生态环境，使得这里成为国际鸟类红皮书极危物种——蓝冠噪鹛在全球仅存的栖息地。

蓝冠噪鹛是一种蓝冠、黄喉、黑脸、褐腰，啼声清脆悦耳的稀世鸟类，全球种群数量仅有250余只，有"鸟中大熊猫"之称，是国家一级保护野生动物。对生态环境的"苛刻要求"，也让蓝冠噪鹛成为婺

生态治理新范本：习近平总书记实地考察石门村生态建设成果

源的"生态名片"。

一个乡村振兴的珍贵样本

良好生态，是乡村振兴的重要支撑点，如今，石门村的百姓吃上了"生态饭"。村里打造了蓝冠噪鹛科普馆、湿地公园研学基地、樱花休闲步道等一批生态景观。金秋十月，风吹稻香，果实缀满枝头，处处是"秋忙"的身影，洋溢着丰收的喜悦。秋口镇王村石门自然村的农家小院里，房前屋后的晒架、竹匾上，满是新采摘的红辣椒、南瓜、玉米、花生，一派红红火火的景象。

依托月亮湾旅游公园，大力发展生态旅游，发展茶叶种植和加工。2022年，石门自然村共接待游客30余万人次，百姓人均年收入达2.65万元。石门村的青山绿水间，一幅大美画卷为乡村振兴留下生动注脚，从石门村这个珍贵样本，可以预见中国乡村更加美好的未来。

　　走进生态月亮湾旅游公园，映入眼帘的是一片碧波荡漾的河面，河畔树木葱茏，野花盛开，时常有成群结队的鸟儿飞过，散发出宁静而和谐的气息。站在这里，仿佛能感觉到自然的灵性与我们的心灵相互交融；乘着竹筏顺水而下，两岸的风光便在眼前流动起来，自生自长的草木格外茂盛，浓浓淡淡的墨色、深深浅浅的青绿，明暗交错，虚实相接，青绿山水让人陶醉不已。

　　这里是摄影者的天堂，在这里你还能看到青山高低起伏、层峦叠嶂，山脚下的徽派民居统一的白墙、青瓦、马头墙，依山就势，自然得体，宁静而又闲适，碧水接天涯，竹筏随水轻轻漂荡，好像意境悠远的中国古诗词，听起来余音袅袅，看上去回味无穷。

　　碧水映月、竹径寻月、彩虹邀月、回眸望月、月亮之门、云梯……数不清的石门美景，充分展现了中国最美乡村的生态之美。月

亮湾的美景，正是对水墨山水画的完美诠释，如同一幅绚丽多姿的壮美画卷，不论是乘舟水上观景，还是驻足拍照打卡，这里都能满足你的需求。

来吧，带上你的亲朋好友，跟着习近平总书记的脚步，一起来月亮湾打卡，感受它那独特的山水之美，体验那别样的游赏之乐，一起沉浸在这片水墨江南的美景中，享受生态月亮湾带来的无限魅力吧！

（婺源文旅集团供稿）

第一章

婺源自然保护地发展历程

　　2023年10月11日，习近平总书记来到饶河源国家湿地公园。习近平总书记对基层工作非常了解，详细询问了古树和珍稀鸟类蓝冠噪鹛的保护情况，深入了解了树种分类、用途、生长环境，并细致地关注到自然保护地的保护职责，赞扬了蓝冠噪鹛这一神奇的物种，表示一定要保护好。习近平总书记对山水林木寄予了深厚感情，亲自部署谋划自然生态保护工作。

婺源醉美自然保护地

第一节　自然保护地缘起与初创

　　婺源之美，在于山河草木。壮丽的地质景观，繁复的森林群落，惊艳的生物多样性，在婺源这块沃土的庇佑之下，默默地迎来一年又一年的春华秋实。在婺源，人与自然的和谐互信已传承千年，保护森林和环境的意识烙印在婺源人的基因里。

　　古时的婺源隶属于古徽州，古村落散布于山川崎连、溪流阡陌的自然环境之间。古徽州的人们为追求理想的生存环境，在初选村址及周边环境时便考虑到了浓郁的聚落"风水"文化因素。负阴抱阳，背山面水，是风水观念中宅、村、城镇基址选择的基本原则和基本格局，强调地形地貌对"藏风""得水"的功用，注重选择风、水结合之地，人们常把"土高水深，草郁林茂"的生态环境看成是理想的风水环境。古代先人往往通过保护龙脉来维持风水，并把它转化为保护山林的实际行动。"龙脉"又被冠以风水山之名，山上的郁草茂林就是风水林。风水林的植被保护维系着风水观念的理想模式，影响着村落的稳定和福祸吉凶。所以，先人们自迁至此地，就有自发保护村落风水林的传统习俗，且意识极强，认为护林就是护村、护人。通过人工植树造林和保护风水山上的林木，来防止山上的水土流失，维护风水林稳固、优美的自然环境。通过保护好这些林木从而保护理想的生活环境。

　　婺源的每个古村落都有各自的来龙去脉和水口，有近两百个村落风水林，呈网状分布。这些村落风水林一般位于河边或水边，有的是村落周边的整座山林，面积从不足一亩（1亩约合666.67平方米）到几百亩不等。每个村落的风水林数量不一，有的风水林仅有几棵古树，而有的风水林有几处成片的人工或天然山林，植被类型主要为常绿阔叶林，少数为落叶常绿混交阔叶林。这些风水林在村民的细心培护下逐渐形成了物种丰富的成熟树林，保留了各种各样的生境，形成了婺源自然保护地的初始形态。

▲
游汀张氏宗谱《保护来龙山记》

后龙山封山育林
公约/谭畅 摄

婺源醉美自然保护地

20世纪六七十年代，部分村庄伐树垦荒现象一度比较严重，并蔓延到了部分风水林。据渔潭村村民程新旺回忆，"整座山都光了，地皮都挖去烧灰"。山林尽毁，蚂蚁开始进攻村庄，一些村民家中出现大量白蚁，木质门窗桌椅被啃噬毁坏。夏季多雨时，山下几户人家经常被淹。痛定思痛，在70年代，具有超前的生态意识的渔潭村支书程新奎呼吁大家保护山林、保护村庄，并下定决心以最强硬的措施恢复风水林。"那时候没有保护生态的概念，提出这样的呼吁太超前，目的就是保护村庄。"程新奎回忆道。渔潭村于1974年冬立下村规民约：严禁占林开荒，不许携带火种进山，砍树烧山要赔偿。村里张贴布告，并将村规民约发至每个村民手上。那时家家户户烧水做饭还靠烧柴火，但程新奎靠着自己的威望，规定大家砍柴必须绕远道，哪怕一根树枝、一片落叶也不能从后龙山带走。山下有一户人家，因为建新房砍了几根拦路的树枝。按照"杀猪立约"的习俗，这户人家最后宰杀了自家的一头猪给村里两百多户，每户分了半斤猪肉以示赔罪。"自此以后村里就形成风气，不要为了那点柴火，丢了那么大面子。"程新旺说。

通过"杀猪立约"来封山育林，这一切都是村里自发进行的。在十分工一天能挣7毛钱的时候，由自然村组织雇一位村民巡山，工资为18元一个月。这在当时是份美差，但一定要行得正，护得住后龙山，因为大家都在监督着。一系列保护举措为渔潭村唤回了绿色，生态保护意识也逐渐在村民心中生根发芽。到20世纪90年代初，渔潭村后龙山又蔚然成林。

第二节　自然保护地改革与演变

　　1992年盛夏，渔潭村草木青青的后龙山上鸟鸣嘤嘤，引起了附近村民注意。时任婺源县林业局科学技术推广站站长的郑磐基接到报告后，赶赴渔潭村开展野外调查，发现后龙山这片天然林中有鸟类近50种，仅白鹭就有200余只。这引起了婺源县林业局工作人员郑磐基的注意。如何保护家门口的珍稀鸟类？有村民提出建立自然保护区。

　　"这很难行得通。"郑磐基解释，根据国务院1985年6月批准的《森林和野生动物类型自然保护区管理办法》，建立国家自然保护区，须报国务院批准；建立地方自然保护区，须报省政府批准。申报要求也高，须是"不同自然地带的典型森林生态系统的地区"或"珍贵稀有或者有特殊保护价值的动植物物种的主要生存繁殖地区"等。面积仅8.3公顷的渔潭村后龙山，很难被纳入自然保护区管理体系。

　　渔潭村后龙山的保护难题不是个例，典型南方丘陵地形的婺源，素有"八分半山一分田，半分水路和庄园"之称。几十年前，随着经济社会活动的增加，曾经集中连片的天然林面积逐渐缩小，呈斑块状分布。而这些分散的天然林中，生长着不少古树名木。中国建设自然保护区对面积大小有规定。自然保护区的面积存在越大越好的倾向，但江南各省有总量可观、面积小且分散的集体天然林，这些天然林是否具有保护生态和生物多样性的价值，在林业系统内未形成统一的思想认识。那么，该如何守护好这些零星分散的林地呢？

　　郑磐基通过翻阅大量学术文献发现，《科技日报》刊登中国科学院李庆逵等3名学部委员（1993年改称院士）提出的"应建立微型森林自然保护区"的建议，指出我国自然环境受到严重破坏的地区，往往是人口稠密、交通便利、经济活动频繁的低山丘陵地区，在这类地区，建立大面积集中的自然保护区是不现实的。但是，如果在一个林（农）

场或一个乡镇，分散建立一些面积为几十亩至几百亩的微型森林保护区是可行的。1993年5月，《中国林业报》刊登了108位专家、教授联名的"关于建立社会性、群众性自然保护小区"的倡议。这两则信息让郑磐基如获至宝，他希望专家们的倡议能马上在婺源变成现实。于是，他联系渔潭村所属秋口镇的干部，建议建立自然保护小区。双方一拍即合，秋口镇立即下文成立渔潭村后龙山自然保护小区管理领导小组，订立保护公约印发至全村各户，竖立碑牌，划定了保护边界，中国第一个自然保护小区"渔潭村后龙山自然保护小区"建立，面积8.3公顷。

洪村、晓起、漳村禁山
禁河碑/詹显华　摄

婺源醉美自然保护地

　　1992年7月，郑磐基进一步撰写《关于婺源建立乡、村级自然保护小区的商讨》的建议，手抄一份提交至婺源县委县政府，得到了高度重视，随即在《婺源政研》上刊出。1992年8月，婺源县政府印发《关于开展我县自然保护小区调查规划工作的通知》，要求各乡镇林业管理部门普查摸底，对适宜建设自然保护小区的山场开展调查规划，县林业局派人指导，勾绘地图，确立边界。经县政府批复同意后，可由各乡、镇、场、村自行建设自然保护小区，初步形成了一套由林权单位申请、林业部门规划、县级政府审批的运作程序。结合当时婺源县二类森林资源调查，确定各自然保护小区的"四至"范围，录入全省林地"一张图"。就这样，靠着手持定位杆、肩扛测距仪，郑磐基和村民们走遍后龙山的各个角落，一笔一画绘制出一幅1∶25000的渔潭自然保护小区规划图。申报材料很快获得批复，自然保护小区从蓝图走进现实。

1992年9月，秋口镇建成首批11处自然保护小区，总面积达1208公顷。到1993年底，婺源县建成乡（镇、场）级自然保护小区13处，村（组）级自然保护小区168处，多为当地的风水林。

这些自然保护小区虽然面积小，但是作用大。1993年，在试点建设的第一年，全县自然保护小区内聚集繁衍的白鹭数量即由往年的近千只增至3万多只。1996年12月，原江西省林业厅成立婺源"自然保护小区主要植物和鸟种"调查项目研究小组，在连续3年的调查中，相继发现了国家一级保护野生植物红豆杉和国家二级保护野生植物香果树等珍稀物种在自然保护小区内的天然分布。

到2003年，婺源已建立自然保护小区191处，按其保护功能划分为：自然生态类172处，珍稀动物类6处，珍稀植物类3处，水源涵养类2处，自然景观类8处，含保护区与保护小区、森林公园与湿地公园，保护面积达33830公顷，占全县总面积的11.4%。自然保护小区的创立，优化、美化了婺源的生态环境，为众多野生动植物构筑了一个天堂式的"家园"。

婺源自然保护小区是村落根据实际需要自发建设的，各地对自然保护小区没有统一认识，全国也没有统一要求。和自然保护区相比较，自然保护小区不仅面积小，且不用审批，只需备案，也没有财政支持；自然保护小区在山林权属、规模、机构、体制等也有所差异，致使自然保护小区的管理形式与自然保护区的管理形式有所差异。

婺源县为了做好自然保护小区的工作，在自然保护小区的建设过程中，结合县情形成了有地方特色的自然保护小区建设模式，即集体山林权属不变，由林业部门协助调查规划，建立详尽的管理档案，上报政府批准。在资金来源上，以自筹为主，林业部门给予适当补助；

▲
江湾晓起村禁河碑/
詹显华　摄

在日常管理上，以当地乡（镇、场）、村、组为主，林业主管部门协助搞好行政和技术管理工作。由于自然保护小区的整个建设过程，以乡（镇、场）、村、组自己兴建为主，因此，所带来的效益亦归属自然保护小区建设主体，如跨乡（镇）的自然保护小区由县协调管理，跨村的由乡（镇）协调管理。

自然保护小区还采取了林权单位的村庄与县林业部门委托下属的林业工作站的共同管理的管理模式。制定了自然保护小区县、乡、村共管的保护公约，形成了一套由林权单位申请、林业部门规划、政府审批的"调查—规划—实测—申报"的自然保护小区建立的运作程序和政府引导、群众自发的两种形式。各乡（镇、场）成立了自然保护小区管理领导小组，林业工作站与村两委形成了"村站共管"协作机制，保护小区管理采取的是村站共管的社区管理模式。同时编写、出版了《自然保护小区建设基本知识》《婺源县自然保护小区（风景林）管理办法》，分发至各小区。

村站共管更好地挖掘和继承了封禁山林的传统，促进其与保护生物多样性现代观念有机结合，使村庄的社会经济系统与生态环境系统的发展与保护得到协调和统一；调查、宣传自然保护小区内资源价值，保持山林权属不变，让村庄居民了解到自家门口有自然保护小区的存在；自然保护小区尽量建立在村庄周围，使其在保护生物多样性的同时，发挥改善村庄环境的作用，使当地村庄的居民成为建立自然保护小区的直接受益者，从而提高村庄居民的人与自然和谐关系的意识；通过村站共管，让科技人员与当地村民的关系更密切，使自然保护小区成为提供林业科学、野生动植物观察、采集珍稀种源等的理想场所；通过村站共管和以建立自然保护区的模式仿建自然保护小区，对当地村庄村民提高对自然保护区的认识有着深远的影响。

婺源醉美自然保护地

第三节　自然保护地确立和完善

　　"星星之火，可以燎原。"婺源建立自然保护小区的模式使得婺源的保护区、保护小区和森林公园得到了有效的保护，并逐渐被社会所承认和接受。自然保护小区的研究课题于1994年荣获维也纳世界发明者协会（IFLA）颁发的"世界科学与和平贡献奖"。1995年，国家林业部把婺源建立自然保护小区的做法誉为林业分类经营的"婺源模式"，并在全国推广。1996年，由英、德等国鸟类保护组织共同资助，在婺源县境内开展了"自然保护小区主要植物和鸟类的调查"。通过调查，在众多的自然保护小区内，发现了国家一、二级保护植物南方红豆杉、浙江楠、闽楠、香果树、鹅掌楸等小面积的天然植物。2000年5月，在自然保护小区内还发现了失踪近一个世纪的世界濒危珍稀鸟种——蓝冠噪鹛的繁殖种群。婺源的自然保护小区也因此被列入世界自然基金会物种保护小型基金项目。2004年，婺源与德国、法国和英

第一章
婺源自然保护地发展历程

国的动物物种与种群保护协会续签订了为期3年的保护世界珍稀濒危鸟种蓝冠噪鹛国际合作议定书。由该动物物种与种群保护协会每年提供专项经费，以支持开展保护工作。为构筑一个更优美的生态环境，2004年，婺源从日本政府贷款两千余万元，资金全部用于封山育林、中幼林抚育、保护林改造等造林工程，以及建设防护林、用材林、经济林等8230公顷。国外资金和环保技术力量的源源注入，给婺源自然生态保护小区建设提供了有力支持。大大提高了婺源生态建设水平，无论是漫步乡村，还是踏足田野，随处可见"茂林修竹映村落，飞禽走兽相对鸣"的人与自然和谐相处的乡村田园风光。

▲
思口镇漳村禁山禁河碑/詹显华 摄

婺源生态环境的显著提升，保护了自然保护小区充沛的动植物资源，为婺源自然保护区的成功申请奠定了坚实的基础。1993年5月4日，国家林业部正式批复设立灵岩洞国家森林公园（林造批字〔1993〕105号），总面积3000公顷，其中林地面积2828.82公顷，占森林公园总面积的94.29%。国家级公益林36755亩，省级公益林1660亩，天然阔叶林1205亩（纳入天保工程）。2017年，灵岩洞国家森林公园成为江西省首批省级示范森林公园。

1995年7月，灵岩洞省级风景名胜区被列入江西省人民政府审定公布（赣府发〔1995〕40号）的第一批省级风景名胜区，与江西灵岩洞国家森林公园重叠。2002年9月，县人民政府召开了第46次常务会议，研究了《关于理顺灵岩洞国家森林公园管理体制的意见》，成立了婺源县灵岩洞风景名胜区管理委员会，保留灵岩洞国家森林公园管理局；2006年5月，根据《关于印发〈婺源县关于撤并乡镇工作实施方案〉的通知》（婺办字〔2006〕31号）、《关于印发〈关于撤销古坦乡成建制划归大鄣山乡组建新大鄣山乡工作的几点意见〉的通知》（饶民

婺源醉美自然保护地

江西理田源省级森林公园/胡红平 摄

字〔2006〕33号），成立婺源县大鄣山灵岩景区管委会，保留婺源县灵岩洞国家森林公园管理局。

2009年，江西婺源森林鸟类国家级自然保护区着手建设，申报过程经历了7年时间。2014年，因机构和队伍不明确，被迫缓评。在大家齐心协力的坚持下，2015年顺利通过国家自然保护区评审，并于2016年5月获国务院批复成为国家级自然保护区，总面积12992.7公顷，由鸳鸯湖、文公山、大鄣山三个片区组成。

鉴于水源与蓝冠噪鹛的重要性，婺源县委县政府于2009年提出建设湿地公园的战略构想，作为"鄱阳湖生态经济区"建设的外延项目，进一步带动当地经济社会的统筹发展。经过不懈努力，湿地公园的建设取得了显著成效。2010年9月，婺源饶河源湿地公园得到江西省林业厅创建省级湿地公园的批准；2013年12月，湿地公园得到国家林业局的批准，成为国家级湿地公园建设试点；2016年8月，湿地公园通过国家林业局有关国家湿地公园的验收，正式挂牌；2020年，江西婺源饶河源湿地公园正式被列入第一批《国家重要湿地名录》。

2010年9月，江西省人民政府正式批复设立珍珠山省级森林公园（赣林造字〔2010〕266号）。

到目前为止，婺源共建立了自然保护地七个：国家级自然保护区（江西婺源森林鸟类国家级自然保护区）、国家级湿地公园（饶河源国家湿地公园）、风景名胜区（灵岩洞省级风景名胜区）与国家级森林公

第一章
婺源自然保护地发展历程

园（江西灵岩洞国家森林公园）、两个省级森林公园（江西珍珠山省级森林公园、江西理田源省级森林公园）、一个县级自然保护区（婺源饶河源县级自然保护区），以及自然保护小区191处，总面积33830公顷。

婺源目前是全国35个生物多样性热点地区之一，婺源自然保护地保存了全县最完整、最典型、最原真的森林生态系统和95%以上的珍稀野生动植物资源。自然保护地内有野生鸟类332种，其中，国家重点保护野生鸟类有蓝冠噪鹛、中华秋沙鸭、白腿小隼、鸳鸯等75种；国家重点保护野生兽类有黑麂、黑熊、豹猫、中华鬣羚等14种；国家重点保护野生植物有鹅掌楸、长序榆、香果树等54种；珍稀兰科植物有47种；自然保护地还是婺源安息香、婺源槭、婺源凤仙花、婺源花椒等野生植物的模式标本产地。饶河源国家湿地公园及婺源自然保护小区是数量仅存250余只世界极危鸟种蓝冠噪鹛的栖息地；亚洲最大的野生鸳鸯栖息地鸳鸯湖、鸟中活化石"中华秋沙鸭"栖息地渡头均位于婺源森林鸟类国家级自然保护区；江湾自然保护小区还有婺源鸟类新居民朱鹮。

人与自然和谐相处，如一场场温润的时雨滋养着这里的山川河流，也滋养着无数的生命，时刻渲染着婺源的灵动。

（本章由张凤莺、杨军、齐希勇、胡盛英、詹荣达执笔，李玲统稿）

第二章

婺源自然保护地类型

饶河源县级自然
保护区——三眼
桥/程振鹏 摄

第一节　自然保护区

　　自然保护区的设立目的之一，就是更好地进行圈地管理和保护。1989年，世界自然保护地委员会（WPCA）与世界保护监测中心为更好地管理保护区，将保护区分为自然保护区、国家公园、自然遗迹、栖息地和物种管理区、保护景观和海区、资源保护管理区6种类型，这一分类系统对后来各国在保护区方面的管理起到了很大的参考作用。世界上不同国家的自然保护区的管理体系模式主要可分为3类：垂直管理模式，如美国和加拿大；地方政府管理模式，如澳大利亚；综合管理模式，如日本。与管理模式相对应，世界各国的保护区管理机构主要分为：政府机构、地方管理机构、私人或者社团组织、非政府组织。

　　中国的自然保护区的建设工作起步相对较晚。1956年，广东省鼎湖山建立了第一个自然保护区，之后便发展迅猛，无论是现有自然保护区的数量，还是保护区面积，都已位居世界前列。根据《中华人民共和国自然保护区条例》第八条规定，中国自然保护区的管理机构主要是指国家环境保护行政主管部门（包括林业、农业、国土资源、水利、海洋等有关行政主管部门），以及省、市、县级地方人民政府。

自然保护区的运行应该以保护野生动植物为侧重点，并严厉打击自然保护区范围内的电、毒、炸、钓、网鱼等违法行为。护林员应坚持做到一年365天，天天巡护。遇到炎热干燥的气候，要加强巡护，严防森林火灾。保护区不仅要保护野生动植物，还要加强科研，多与林业科研机构、高校等合作。深入社区、村委会、学校、图书馆、博物馆等地大力宣传保护野生动植物。

自然保护区的有效管理需要充分的资金保障。为了探究中国自然保护区的资金需求状况，构建自然保护区的保护成本体系，应系统估算和分析全国自然保护区的管理成本和机会成本。

结果显示：① 通过2014年数据估算，全国自然保护区的保护成本为5049亿元，占当年全国GDP的0.78%，远低于环境损害成本和自然保护区生态系统的产品与服务所带来的经济价值，自然保护具有经济的合理性；② 全国自然保护区管理成本约85.91亿元，这是为达到最基本的管理标准，每年所需的管理资金，但实际的总体投入远低于管理资金需求，保护区的总体资金缺口较大，且资金配置不均衡，地方级保护区需加强经费保障；③ 管理成本呈现明显的地域差异，西部

饶河源县级自然保护区——五龙山

和东北地区的保护区生态价值高、管理资金需求较大，但经济相对落后，地方财政压力较大，中央财政应给予适当倾斜；④ 全国自然保护区每年的机会成本达到4963亿元，反映出保护区建设带给地方的巨大经济压力，但目前中国自然保护区生态补偿缺口较大，政府亟待完善面向自然保护区的生态补偿机制。

▲
饶河源自然保护区发源地/潘晓春 摄

中国是世界上生物多样性最丰富的国家之一。建立自然保护区是保护生物多样性的重要手段。婺源县江西婺源森林鸟类国家级自然保护区于2016年5月被成功列入国务院公布的国家级自然保护区。

中国自然保护区分为4个等级，分别为国家级、省级、市级、县级。自然保护区有着十分重要的生态价值，不仅物种非常丰富，而且还具有景观多样、生态系统多样、生态服务功能多样以及社会生活服务功能和文化服务功能多样等特点。自然保护区中特殊的自然环境，为不同的物种提供了繁衍生息的空间，也为许多珍稀物种提供了更为适宜的生态环境。这不仅避免了许多物种的灭绝，还优化了人类的居住环境，这些都是非自然保护区所缺乏的重要特性。因此，针对这些重点生态环境区域进行保护和建设就变得十分重要且具有现实意义。但目前，自然保护区在这些方面依然存在很多问题，需要采取相关措施，不断提高对这一类生态环境区域的保护强度和相关措施的实施水平，为自然保护区的持续健康发展奠定坚实的基础。

自然保护区在保护与建设方面存在的主要问题是"建而难管、管而难严"、缺少充足经费、科研力量不足，影响自然保护区持续健康发展的原因还包括：① 在地理位置上，中国自然保护区虽数量众多，但

婺源醉美自然保护地

分布极不均匀。78.7%的自然保护区主要分布在仅占全国人口6.5%的少数民族生活的区域。② 在规划设置上，国家级自然保护区比重过大，占自然保护区总面积的62.8%，导致国家对单个自然保护区的投入较少，而在人口集中、需缓解人类活动环境压力的区域，保护区划定较少，进一步加重了当地生态环境负荷。③ 在管理维护上，保护区不合理的开发，当地居民的消极配合，以及管理体系中过于强调个数和面积等问题加重了自然保护区管理效益不高的程度。因而，为提高中国自然保护区保护效率，在自然保护区个数和面积规划速度日趋减缓的背景下，建议增加保护效益评估体系，增强各保护区间管理方法、保护物种等交流，利用传统生态知识促进当地居民在保护工作中的参与度。

新西兰的保护区体系主要分为保存区、特殊保护区、看护区等。管理机构主要由政府机构和非政府组织两部分构成，中央政府设有两个部，即环境部和保护部，共同负责自然保护工作；管理模式也分为两种，即政府管理和公众参与相结合的模式，以及保护与旅游开发相结合的发展模式。

加拿大采用保护区与国家公园并重体系。加拿大的保护区分为野生生物保护区和国家公园两大体系。体系内部主要根据层级划分为国家系统、省级系统、地方系统、区域保护系统等，分别由野生生物署和国家公园署负责，并分别执行管辖范围内的野生动植物、公园等的保护和研究工作。

根据自然保护区类型与级别划分标准，我国自然保护区共有9种类型，即森林生态系统类型、草原与草甸生态系统类型、荒漠生态系统类型、内陆湿地与水域生态系统类型、海洋与海岸生态系统类型、野生动物类型、野生植物类型、地质遗迹类型和古生物遗迹类型。

自然保护区体系和综合管理体系建设的目标就是要深入贯彻落实习近平新时代中国特色社会主义思想，规范人们自觉尊重自然规律、珍爱自然，积极参与自然保护，实现维护国家生态安全、改善生态环

第二章
婺源自然保护地类型

饶河源县级自然保护区/邵立忠 摄

境。需要着力解决人与自然和谐发展、自然保护与经济开发矛盾、国家生态安全与保护区居民生存发展利益冲突等重大问题，努力实现自然、经济、社会全面协调发展和持续繁荣。

自然保护区的建立在一定程度上对生物多样性、当地生态系统及某些极危、濒危和易危物种的保护起到了积极作用。

习近平总书记提出了"绿水青山就是金山银山"，表明在可持续发展中经济发展固然重要，但是生态环境的健康发展也是重中之重，不可或缺，两者处于同等重要的位置。随着自然保护区越来越多，一方面说明政府对生态环境的重视程度越来越高，另一方面也说明维护好自然保护区的责任也越来越大。加强自然保护区保护与建设的相关策略包括：坚持自然保护区的保护与发展的协调、加强顶层设计，促进保护区保护与建设工作的高效推进、构建分级财政投入机制，为自然保护区保护与建设工作提供充足经费、增加职工收入，引进高素质人才，加强对自然保护区生态移民扶持力度，对自然保护区中的集体林地权属充分明确。

评估自然保护区的指标分为生物多样性的评估、保护管理效益的评估和人与自然相处和谐度的评估。从中可发现人对于自然保护区的意义重大，大家必须端正观念意识。

自然保护区的建设是落实生态文明建设国家战略的重要组成部分和重要任务之一。

（本节由齐希勇、潘志锋执笔）

婺源醉美自然保护地

第二节 森林公园

一、公园简介

婆源县灵岩洞国家森林公园，位于江西省婆源县西北部，北与安徽省休宁接壤，西与景德镇瑶里风景区毗邻，交通便利。景区内现有菊径、通源、程村、戴村、西山、水岚六个行政村和九阄一个自然村，1200余户6000余人，是1993年5月经国家林业部批准命名的森林公园，也是迄今为止婆源县唯一的国家森林公园。园内山岳为大郹山支脉，典型的江南喀斯特地貌，是一个集自然风光与人文景观为一体的风景名胜区。森林公园规划总面积为3000公顷，其中林地面积为2828.82公顷，占森林公园总面积的94.29%，2017年成为江西省首批省级示范森林公园。

灵岩洞国家森林公园在自然地理分带上属于北亚热带南缘，地势总体东北高而西南低，山脉呈北东—南西走向，是典型的山地丘陵地

带。山脉以大鄣山为主，向四周绵延伸展，形成了许多错综复杂的余脉。从地貌学上看，江西灵岩洞国家森林公园有着森林喀斯特的典型特征。其中，较为典型的类型是洞穴喀斯特、峰丛喀斯特和峰林喀斯特。公园以瑰奇深幽闻名，主要分为灵岩洞群景区、石城古树名木景区、生态茶园景区和古村落景区。灵岩洞群景区的道教文化、洞群题墨、村落文化是该区域的核心历史人文资源，景区的人文类资源以村落民居、遗落碑刻、宗祠建筑为主，以地方习俗、宗教场所、名优特产等为辅，是体验和研究婺源悠久地方文化，开展观光旅游、文化旅游、民俗旅游、宗教旅游、休闲旅游的重要载体。详细来看，灵岩洞群由卿云、莲华、涵虚、凌虚、琼芝、萃灵等36个溶洞组成。洞内有蓬莱仙阁、金阙瑶池、云谷游龙、天池荷香、龙门泻玉等景观数百处。更让人称绝的是洞群间仍存有"岳飞游此""吴徽朱熹"以及唐代大中十一年（857年）御史中丞卢潘和明代戴铣的摩崖石刻等唐代以来的游人题墨2000多处。石城古树名木景区位于灵岩洞西部，村口有各种巨型古树白玉兰，直径最大的需八人合抱，树龄最长的已逾两千年，号称全省古树之最。生态茶园景区利用灵岩有机茶厂的千亩茶园，开展旅游度假和茶叶种植，茶园四面环山，远处峰峦叠嶂，可远眺到景区最高峰——五花尖；茶园东面半山坡处有几处涂岩石林景观，中间还有石芽、石槽洼地，石林争奇斗胜，高者如楼如塔，矮者如狮如虎，铺陈于锦绣之间，称为万马奔腾景区。古村落景区主要包括"中国最圆的古村落"——菊径、"华东红枫摄影第一仙境"——石城（程村、戴村）、"婺水源头第一村"——水岚、"最原始的土楼村寨"——九阁，还有通源村及多条古道。

婺源醉美自然保护地

森林公园森林植被丰富，野生动植物资源种类繁多，共有陆生脊椎动物32目82科234种。其中，鱼类20种，隶属于5目8科，均为硬骨鱼纲中的纯淡水鱼类；两栖类2目3科9种；爬行类6目10科38种；鸟类15目52科142种；兽类4目9科25种。动物多样性极高，且境内动物区系成分复杂，相互渗透。其中，属于国家一级重点保护的珍稀野生动物有黑麂和白颈长尾雉2种；国家二级重点保护的珍稀野生动物

▲
灵岩洞口/郭维 摄

有苏门羚、穿山甲、雕鸮、灰背隼4种。有种子植物143科335属1225种（含亚种、变种及少数栽培种），其中，裸子植物8科10属11种，被子植物135科325属1214种。

二、开发现状

根据灵岩洞国家森林公园的区位特点和景观资源的分布特点、地形地势以及旅游道路布局及开展森林旅游的需要，森林公园被划分为4个功能区，分别为管理服务区（周村管理服务区、通源管理服务区、石城管理服务区）、核心景观区（灵岩洞科普宣教区）、一般游憩区（菊径古村观光区、茶园生态休闲区、石城枫林度假区、西山拓展体验区）、生态保育区（丝茅岭生态保育区、五花尖生态保育区）。目前，公园内已开发灵岩洞景区（国家级AAAA景区）、石城（华东第一赏枫仙境）、生态茶园景区。

三、公园保护措施

近几年来，我们依据国家、省、市林业局有关森林公园管理办法，对森林公园进行有效管理。一是确立生态文明理念，科学规划森林公

第二章

婺源自然保护地类型

园建设；二是加强森林资源保护，严格规范日常管理程序；三是加快基础设施建设，强化旅游产业发展。

通过多年的有效保护，进一步强化了公园的旅游产业发展要素。主要表现为：① 园内基础设施建设更加完善；② 旅游接待能力日益提升；③ 旅游推介工作不断加强；④ 经济社会发展效益进一步显现，2022年，森林公园总收入达1200余万元，带动旅游综合收入6000万元，公园实现旅游收入9600万元。旅游业的发展极大丰富了公园及周边居民的收入方式，实现了经济效益和社会效益双丰收。

（本节由吴斌、吕志杰、程斯尧执笔）

第三节　湿地公园

江西婺源饶河源国家湿地公园（以下简称"湿地公园"）位于江西省婺源县，与皖、浙两省交界，境内星江河是鄱阳湖五大入湖水源之一——饶河的源头，其自东北流向西南并穿越婺源县城而过，县域内森林覆盖率超过80%，林木葱郁，峰峦叠嶂，溪流潺潺，空气清新，生态优美，而且境内分布有被世界自然保护联盟（IUCN）列为"极危"的鸟类蓝冠噪鹛野生种群。

饶河源国家湿地公园/张琳　摄

湿地公园范围北至秋口水电站大坝处，南至星江与车田水交汇处。秋口水电站大坝至文公大桥段以河流常水位线为界，文公大桥至星江路段东侧以星江东路道路内侧为界（不含道路），西侧以星江西路道路内侧为界（不含道路），星江路至星江与车田水交汇处以河道水面为主，河道两侧的边界以堤岸迎水面护堤地坡脚线为界（不含堤岸）。地理坐标为东经117°50′45″～117°54′21″，北纬29°13′31″～29°20′53″。湿地公园占地面积348.87公顷，湿地面积302.72公顷，湿地率约86.77%。

一、发展历史

湿地公园为流经婺源县城的自然滨水带。古代交通不发达，县城及沿岸村落设有码头，丰水期可行船进行茶叶、桐油等传统物资运输，是重要的贸易交通线路。中华人民共和国成立后，随着陆地交通体系的日益完善，水运功能弱化，码头主要为城乡居民洗衣取水之地。

2009年，婺源县委县政府充分认识到饶河源湿地的生态地位，结合国务院《关于加强湿地保护管理的通知》《鄱阳湖生态经济区规划》等文件，高度重视生态建设，改善城市环境，提出大力保护县境内的饶河源头——星江湿地，谋划建设湿地公园的战略构想，开展湿地公园筹建工作。

2010年9月28日，江西省林业厅批复创建省级湿地公园。

2013年11月，编制完成了《江西婺源饶河源国家湿地公园总体规划（2014—2020年）》，并于同年12月30日获国家林业局批复，成为国家级湿地公园建设试点。

2014年12月31日，被列入《江西省第一批省重要湿地名录》。

饶河源国家湿地
公园/程政 摄

2016年8月17日，饶河源国家湿地公园通过验收正式挂牌（林湿发〔2016〕107号）。

2020年5月29日，被正式列入第一批《国家重要湿地名录》。

二、建设现状

江西婺源饶河源国家湿地公园管理办公室自2014年以来，从湿地保护恢复、保护管理、科普宣教体系、科研监测体系等多个方面对湿地公园进行建设。

（一）湿地保护与恢复建设

为保护与修复饶河源国家重要湿地生态环境，尤其是蓝冠噪鹛繁殖栖息地环境，以长期租赁代替永久征收的方式进行补充，租赁石门村月亮湾沙洲。对退化的湿地进行恢复与重建，采取天然修复与局部人工促进相结合的方式，完成湿地植被恢复和护岸工程，并进行景观营造，恢复河流湿地生态系统，增强湿地自净能力，丰富河流湿地生物多样性。

加强蓝冠噪鹛栖息地管护建设，修复巡护道路。每年聘用临时管护人员，并配备无人机、执法记录仪。组建了专业护鸟技术队伍，整治蓝冠噪鹛栖息地环境，优化繁殖地生境的自然属性，有效遏制了侵占、破坏湿地的现象。

婺源醉美自然保护地

以建立保护小区为切入点，扩大湿地保护范围。为更好地将境内零星分散的湿地资源保护起来，借助婺源创建自然保护小区的成功经验划定湿地保护小区，并将其纳入湿地公园延伸保护管理的范围。

通过实地勘查，界定湿地公园范围，先后制作并埋设界桩、界碑，明确园区土地权属及相关责、权、利。

（二）管理能力建设

根据国家林业和草原局对国家湿地公园管理"一园一法"的要求，管理办公室会同相关部门编写并颁布实施了《江西婺源饶河源国家湿地公园管理办法》《婺源县蓝冠噪鹛自然保护小区保护管理办法》等相关管理制度，加强了对湿地公园的保护，并派人员外出参加各类培训和实地参观学习 10 余次。近 5 年来，共办理各类违法破坏案件 10 余件，制止违法行为 30 余起。

（三）湿地科普宣教体系建设

湿地公园建有科普宣教馆，面积 723 平方米，突出蓝冠噪鹛栖息地特色，融入婺源历史文化，宣传湿地文明，普及湿地知识。打造石门研学基地，在蓝冠噪鹛栖息地紧邻的秋口镇石门村改造研学基地一处和自然教室一处，面积约 400 平方米。保留建筑原有特征，使用图文介绍、多媒体互动、沙盘生境还原等丰富的展陈形式，以蓝冠噪鹛

◀
饶河源国家湿地
公园/詹欣民　摄

与湿地为重点，打造了一个小而精、专而新的研学基地。并在石门村建有两处标志物，对村庄的白墙进行彩绘，增加湿地元素。通过系统调查饶河源国家重要湿地的自然地理、自然资源、社会经济，全面系统地设计科普宣传路线、宣讲内容，增强科学性、系统性、趣味性，建设中小学生重点研学旅游科普基地。

提升户外宣教解说系统。在湿地公园内安装导览牌3块、引导标示牌10块、蓝冠噪鹛宣传牌26块、湿地认知解说牌14块、电子警示牌2块、湿地动植物铭牌100块、常见植物解说牌4块、警示牌15块、防火宣传牌5块。以彩绘等方式打造宣教长廊，宣教内容以鸟类、鱼类、植物为主。进一步加强了湿地公园宣教功能，成为展示湿地与水鸟保护的重要窗口。

构建"智慧湿地"网络平台。以"智慧湿地"为主要抓手，建立湿地公园信息化管理平台。初步构建了数字化资源监管系统，丰富了湿地公园管护手段，提升了现代化监控能力，减少了巡护盲区，提高了工作效率，对维护湿地公园自然资源的安全起到了重要作用。

开展各种宣教主题活动。试点开放以来，利用"世界湿地日""爱鸟周""社科普及宣传周"等重要时机，开展生态文明教育实践活动。

（四）湿地科研监测建设

湿地公园内安装有水质监测设备2套和负氧离子监测设备1套，定

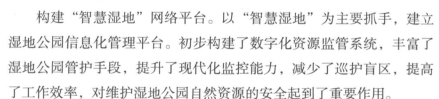

期提供监测数据和报告，为湿地的管护以及生态保育提供科学的决策依据。在湿地公园生态保育区蓝冠噪鹛栖息地安装实时监控设备11套，加强对蓝冠噪鹛及其栖息地的生态监测，并同步加强对蓝冠噪鹛活动规律的研究及其栖息地的保护。

与高校开展交流合作。湿地公园管理办公室与华东理工大学自然保护地规划研究院共同搭建合作平台，通过科技咨询、合作研究、共建基地、培训交流等多种形式开展交流合作，先后发表论文10余篇，并出版专著《江西婺源饶河源国家湿地公园生态文化多维保护研究》（2017年），推动江西自然保护地理论研究与建设管理实践工作。

江西婺源饶河源国家湿地公园以保护河流湿地生态系统、自然景观和人文景观资源为基础，保障婺源县饮用水安全和蓝冠噪鹛野生种群栖息地良好为宗旨，以实施流域综合管理为手段，以湿地资源的可持续利用为目标，以湿地文化、徽州文化等多元文化为支撑，将湿地公园打造成为一个集水源地保护、河流湿地保护、鸟禽栖息地保护、科普宣教、科研监测、生态游览观光休闲为一体的临城综合性河流型湿地公园，已成为婺源县湿地科普、宣教和研学基地的名片。

（本节由张琳执笔）

◀
自然保护小区——
龙尾

澳大利亚科学院院士汉斯·兰伯斯考察婺源饶河源国家湿地公园/杨军 摄

第四节 自然保护小区

"古树高低屋，斜阳远近山。林梢烟似带，村外水如环。"这首古诗，就是江西婺源乡村景致的写照。婺源县挂牌保护、树龄百年以上的古树名木有14116株，占江西省古树名木总量逾一成。这些大多生长在村民房前屋后的古树名木，遍及全县172个行政村、1351个自然村。

"婺源这么多古树名木能够得到有效保护，自然保护小区发挥了促进作用。"江西省野生动植物保护中心一级调研员吴英豪说。

在村庄周围植树造林，是婺源人的传统。这些被当地人称为"水口林"的村落生态林，得到了村民自发保护。但在几十年前，乱砍滥伐现象一度比较严重，并蔓延到了部分"水口林"。

如何守护好这些零星分散却又颇有价值的林地？1992年起，婺源率先探索建立若干自然保护小区，对这些呈斑块状分布的天然林实施保护，取得了良好成效。2017年9月，首批国家生态文明建设示范市县名单公布，婺源榜上有名。

2016年5月，国家林业局印发的《林业发展"十三五"规划》提出，"构建以自然保护区和国家公园为主体、其他保护地和自然保护小区为补充的自然保护体系，完善生物多样性保护网络"。同年8月，由全国科学技术名词审定委员会审定公布的《林学名词》（第二版）出版，"自然保护小区"被编入其中，定义为"为保护珍稀濒危野生动植物种群和典型植物群落而设定的面积较小的保护区"。

迄今，婺源累计建成自然保护小区191个，总面积33830公顷。接下来，让我们走进婺源，探寻自然保护小区守护大自然之道。

一、先行先试再试

因地制宜探索保护分散的小面积天然林，191个自然保护小区覆盖全县所有行政村。

冬日的婺源，依然满目苍翠。我们拨开一簇簇伸展到山路上的树枝，草丛中一块石碑映入眼帘，"渔潭自然保护小区"几个大字苍劲有力，落款处"一九九二年"的字样依然清晰可见。这里是婺源县政府设立的第一个自然保护小区。

渔潭何以成为婺源首个自然保护小区？原秋口镇党政办公室主任毕新丁扬手一指："看，那是白鹭。"树丛中一抹白色身影若隐若现，时而跳跃于石上，时而展翅于枝头。渔潭建设自然保护小区，就与白鹭有关。毕新丁介绍，渔潭村有树龄百年以上的挂牌保护古树138株，集中分布于后龙山一带的天然林区。

1992年盛夏，后龙山上鸟鸣啁啾，引起附近村民注意。时任婺源县林业局科学技术推广站站长郑磐基接到报告后，赶赴渔潭村开展野外调查，发现后龙山这片天然林中有鸟类近50种，仅白鹭就有200余只。

如何保护家门口的珍稀鸟类？有村民提出，建立自然保护区。

"这很难行得通。"郑磐基解释，根据国务院1985年6月批准的《森林和野生动物类型自然保护区管理办法》，建立国家自然保护区，须报国务院批准；建立地方自然保护区，须报省政府批准。申报要求

也高，须是"不同自然地带的典型森林生态系统的地区"或"珍贵稀有或者有特殊保护价值的动植物种的主要生存繁殖地区"等。面积仅8.3公顷的渔潭村后龙山，很难被纳入自然保护区管理体系。

渔潭遇到的生态保护难题并非孤例。婺源素有"八分半山一分田，半分水路和庄园"之称，是典型的南方丘陵地形。几十年前，随着经济社会活动增加，曾经集中连片的天然林面积逐渐缩小，呈斑块状分布。在这些分散的天然林中，生长着不少古树名木。

如何守护好这星星点点的绿色？郑磐基通过翻阅大量学术文献发现，土壤学家李庆逵等专家曾建议，在人口稠密、交通便利、经济活动频繁的低山丘陵地区，分散建立面积几十亩到几百亩的微型森林自然保护区，作为重点自然保护区的补充。

这让郑磐基深受启发，1992年7月，他向婺源县政府递交了《关于婺源建立乡、村级自然保护小区的商讨》，得到有关方面的重视。

1992年8月，婺源县政府印发《关于开展我县自然保护小区调查规划工作的通知》，要求各乡镇林业管理部门普查摸底，对适宜建设自然保护小区的山场开展调查规划，经县政府批复同意后，可由各乡、镇、场、村自行建设自然保护小区，初步形成了一套由林权单位申请、林业部门规划、县级政府审批的运作程序。

"结合当时婺源县二类森林资源调查，确定各自然保护小区的'四至'范围，录入全省林地'一张图'。"郑磐基说道。

手持定位杆，肩扛测距仪，郑磐基和村民们走遍后龙山的角角落落，一笔一画绘制出一幅1：25000的渔潭自然保护小区规划图。申报材料很快获得批复，渔潭自然保护小区从蓝图走进现实。1992年9月，秋口镇建成首批11处自然保护小区，总面积达1208公顷。到1993年底，婺源县建成乡（镇、场）级自然保护小区13处，村（组）级自然

保护小区 168 处。

"面积小，作用大。"郑磐基向记者展示了一组数据：1993 年，即试点建设第一年，全县自然保护小区内聚集繁衍的白鹭数量即由往年的近千只增至 3 万多只。1996 年 12 月，原江西省林业厅成立婺源"自然保护小区主要植物和鸟种"调查项目研究小组，在连续 3 年的调查中，相继发现了国家一级保护野生植物红豆杉和国家二级保护野生植物香果树等珍稀物种的天然分布。

2015 年 5 月，《婺源县自然保护小区（风景林）管理办法》出台，进一步明确了自然保护小区的含义、功能和价值定位，即"自然保护小区，是指村庄周围或房前屋后具有保持水土、涵养水源、防风固沙、净化空气、调节气候、观赏游憩和美化乡村等功能，且树龄较长、绿化效果好、有一定乡村文化底蕴的片林及古树名木群等风景林"。

婺源建立自然保护小区的实践探索获得广泛认可。由国家林业局组织编制、自 2001 年起实施的《全国野生动植物保护及自然保护区建设工程总体规划》指出，"建立自然保护小区，是针对我国南方人口稠密地区实施对生物多样性和珍稀动植物栖息地保护的一种有效方法和措施。它可以在全社会范围内，进一步改善自然生态环境和人民群众生活环境，从身边做起，保护自然资源，提高全民保护生态环境意

自然保护小区

识"。2005年7月，国家林业局发布的《2004年六大林业重点工程统计公报》显示：全国自然保护小区达到49109个。

目前，婺源建成的191个自然保护小区，总面积33830公顷，已覆盖全县所有行政村。

二、群策群力得力

建章立制，引导群众"自建、自管、自受益"，191个自然保护小区全部纳入公益林生态补偿范围。

"守护好绿水青山，才能守住好日子。"毕新丁愉快地回忆起当初与镇党委书记俞长禄冒雨陪同郑磐基，在渔潭考察建立全县第一个自然保护小区的往事。

20世纪六七十年代，村里伐树垦荒严重，一些村民家中出现大量白蚁，木质门窗桌椅被啃噬毁坏。痛定思痛，渔潭村于1974年冬立下村规民约：严禁占林开荒，不许携带火种进山，砍树烧山要赔偿。

一系列保护举措为渔潭村唤回了绿色，生态保护意识也逐渐在村民心中生根发芽。1992年，试办自然保护小区的设想一经提出，就得到了渔潭村人普遍支持。但也有村民嘀咕："设立自然保护小区后，这片林子是不是就不归我们了？"

"山林土地权属不变，往后还得靠大家一起建设自然保护小区。"

婺源醉美自然保护地

郑磐基走家串户上门宣讲政策，打消村民顾虑。2019年12月出台的《江西省自然资源统一确权登记总体工作方案》提出，对包括自然保护小区在内的各类自然保护地进行确权登记，村民们心中更踏实了。

"山还是这座山，林还是这片林，守山护林力度更大了。"毕新丁说，自然保护小区建立后，渔潭村的6个村民小组各选派1名护林员组成巡护队，由秋口镇林业工作站和渔潭村村两委共同管理，实施每天2次的常态化巡护。

"有林业站做后盾，巡护底气更足。"毕新丁回忆，过去发现偷伐者时，对方常以封山育林是村里的"土政策"来辩解。自然保护小区建立后，镇林业工作站与村两委形成了"村站共管"协作机制，护林员的线索上报渠道更加通畅，一旦发现违法行为，镇林业工作站执法人员可第一时间到达现场处置。

山路蜿蜒，鸟鸣啁啾，行至一棵枝繁叶茂的樟树前，渔潭自然保护小区专职护林员程明世停下脚步，指出了一棵樟树干上的一处劈砍印迹。那年，曾有盗伐者企图砍伐这棵樟树，被程明世巡山时迎面撞上，他立即上前制止并通知秋口镇林业工作站。林业工作站执法人员随即赶到现场，对盗伐者依法予以行政处罚。

指尖轻触手机屏幕，程明世的巡护里程、路线一目了然。如今，自然保护小区的智能化巡护水平持续提升，林业部门可通过电话联系、定位跟踪、轨迹回放等方式对自然保护小区进行督导检查，并随时掌握护林员的到岗情况。

"小区规模虽小，保护举措不少。"程明世对《婺源县自然保护小区（风景林）管理办法》的相关要求熟稔于心：自然保护小区范围内禁伐禁猎、禁止采脂；严禁挖砂、采石、取土、野炊、渔猎、放牧等相关活动；在自然保护小区及其边界外10米内禁止开展基础设施建设和规模化生产经营活动……在巡护路上，程明世仔细查看草丛中是否存在火灾隐患，没路了就顺着沟谷走，碰上陡坡就手脚并用地爬。

2017年3月，婺源县正式启动天然林保护工程；2018年1月，将9年前规定的"天然阔叶林十年禁伐"升级为长期禁伐；2018年7月，全面推行林长制，建立专职护林员队伍……"这些政策举措与自然保

自然保护小区/
郑磐基 摄

护小区管理办法、村规民约等，共同促进了自然保护小区的管理与保护。"郑磐基说。

"守着本村的林，领着国家的钱，得把责任尽到。"程明世4年前被确定为专职护林员，每年有2万元工资收入。近年来，婺源县相继将10.98万公顷自然保护小区全部纳入县级地方公益林生态补偿范围，按照每年每公顷315元的标准向林权所有人发放生态补偿资金。2020年，婺源县安排护林员专项资金逾900万元，加强"村站共管"协作机制，共同建设自然保护小区，进一步引导群众"自建、自管、自受益"。

三、共建共享共赢

鼓励社会力量参与，提升保护管理水平，实现生态效益与村民生计共赢。

晨光熹微，秋口镇王村村民俞智华娴熟地操控着手柄，竹排船拨开细浪，驶向江心洲的月亮湾蓝冠噪鹛自然保护小区。没了过去震耳欲聋的马达声，俞智华对竹排船的电动引擎赞不绝口。2020年以来，王村村投资50余万元，为全村60多艘柴油竹排船改装了电动发动机。"村里舍得投入，初衷是给鸟儿营造一片安宁的栖息环境。"俞智华说。

顺着竹排船行驶的方向望去，星江河上一处弯月形冲积沙洲映入眼帘，岛上植被茂密，水中树影婆娑。"这时节，鸟儿都飞走了，你才有机会近距离看看这洲头。"俞智华说，每年4至7月，都会有几十只蓝冠噪鹛来岛上筑巢产卵、哺育幼鸟、繁衍生息。

蓝冠噪鹛是国家一级保护动物。"良禽择木而栖。"郑磐基说，王村村1993年即在月亮湾设置了石门自然保护小区，生态环境持续向好。

2000年5月的一天，郑磐基在开展野外调查时，忽然听见林间传来阵阵鸟鸣。他拿起望远镜闻声寻去，一群蓝冠、黄喉、黑脸、褐腰、尾羽上蓝下白的鸟儿立在枝头，不时颤动翅膀跃行，叫声清脆悦耳。"咔嚓，咔嚓……"郑磐基赶忙举起相机拍照记录，用光了随身携带的胶卷。经省、市林业部门专家反复确认，这正是长期寻而不得的蓝冠噪鹛。

"蓝冠噪鹛落户婺源，凸显了自然保护小区在极小种群保护中的独特价值。"郑磐基随即向有关部门建议，提升自然保护小区的专业化管理水平，制定有针对性的极小种群保护规划。2001年，石门自然保护小区更名为蓝冠（黄喉）噪鹛自然保护小区。2015年3月，婺源县政府印发的《婺源县蓝冠噪鹛自然保护小区保护管理办法》提出，按照国家级自然保护区核心区的要求，对蓝冠噪鹛及其栖息地自然保护小区予以特殊保护和管理。2016年8月，婺源饶河源国家湿地公园通过国家林业局验收，蓝冠噪鹛自然保护小区被涵盖其中。

以保护蓝冠噪鹛等极小种群为契机，婺源持续完善自然保护小区内的动植物资源档案，常态化监测野生动植物变化趋势，因地制宜调整自然保护小区管理规划。目前，已形成自然生态型、珍稀动物型、珍贵植物型、自然景观型、水源涵养型、资源保护型等6类自然保护小区。

"生态好不好，鸟儿告诉你。"郑磐基说，蓝冠噪鹛对生存环境要求很高，一般在10米以上的树上筑巢，一年只繁育一次，雏鸟成活率较低，种群总体生育能力差。在村民的悉心呵护下，来月亮湾栖息繁衍的蓝冠噪鹛数量逐年增加，近年来持续稳定在60余只。每年蓝冠噪鹛进入繁殖期后，自然保护小区即安排专职护鸟员登岛把守，严禁无关人员靠近，并在日常巡护中为蓝冠噪鹛驱赶天敌。2017年6月，婺源遭遇特大洪水，蓝冠噪鹛栖息地的树木一度倒伏损毁严重。在婺源县林业局的指导下，村民自发清理、补植苗木，次年蓝冠噪鹛如约归来。

2015年，王村村成立竹排经营合作社，对进入月亮湾蓝冠噪鹛自然保护小区的竹排进行统一管理，所有船只在蓝冠噪鹛繁衍期间均不得进入自然保护小区核心区域。为避免柴油发动机噪声影响蓝冠噪鹛栖息，合作社引导村民更换电动发动机。除蓝冠噪鹛外，月亮湾蓝冠噪鹛自然保护小区内还相继发现了鸳鸯、黄鹂、领角鸮等40余种鸟类。

"与鸟为邻，以鸟会友，村民们既是护鸟员，也因此吃上了'旅游饭'。"俞智华经营的竹排每次收费60元，自家小院则改造成了拥有16张床位的观鸟民宿，年收入约8万元。2020年，省级AAA级乡村旅游点落户王村村，全年游客接待量10万人次，旅游年收入350余万元。

婺源还探索引入科研团队参与建设自然保护小区，进一步增强保护力量。2013年，婺源县林业局与江西农业大学的科研团队签署协议，科研人员每年4至7月到月亮湾蓝冠噪鹛自然保护小区监测鸟类活动和种群数量，监测数据与市、县林业部门共享。

2016年11月，国家发展和改革委员会与国家林业局印发的《关于运用政府和社会资本合作模式推进林业建设的指导意见》提出，"鼓励社会资本参与林木种质资源保护、野生动植物野外资源保护公益事业，探索引入专业民间组织新建或托管自然保护小区，在政府监管下发展民间自然保护小区（地）"。

顶层设计助推基层探索。2017年，婺源县林业局与北京清华同衡规划设计研究院自然遗产与生态保护研究室主任杨海明团队达成协议，为月亮湾蓝冠噪鹛自然保护小区培训了一支20人的专业护鸟队。2019年4月"全国爱鸟周"期间，清华同衡规划设计研究院与婺源县林业局携手在南昌举办了"蓝冠噪鹛科学发现百年"纪念活动，共同讲述自然保护小区的婺源故事。

"自然保护小区在保护自然方面功不可没。"婺源县委书记徐树斌说，自然保护小区建设30年来，助力婺源的森林覆盖率逐步上升，旅游业成为主导产业，古树、古村、古民居成为亮丽名片。

（本节由郑磐基、杨军执笔）

婺源醉美自然保护地

第三章

婺源自然保护地生态系统

第一节　湿地生态系统

　　湿地生态系统是地球上一种特殊类型的生态系统，通常由水体和湿地植被组成，包括湖泊、河流、沼泽、湿地、草地等。湿地生态系统在全球范围内具有重要的生态、经济和社会价值，在维持生物多样性、水资源调节、气候调节等方面发挥着关键作用。

　　婺源自然保护区位于中国江西省婺源县，以其丰富的湿地生态系统而闻名。湿地是地球上生物多样性最丰富的生态系统之一，不仅在生态平衡维持、气候调节和水资源保护方面发挥着重要作用，还为众多植物和动物提供了独特的栖息地，也为人类提供了众多的生态服务。本节将介绍婺源自然保护地湿地生态系统的特点、重要性，婺源自然保护区湿地的类型及特点，湿地生态系统的保护与挑战，以及对未来的展望。

一、婺源湿地生态系统的特点

　　湿地生态系统在生态学和环境科学中具有重要地位。首先，湿地有助于维持水文循环，起到天然的水库和滤水器的作用，能减缓洪水和干旱等自然灾害的影响。其次，湿地是多样性生物的重要栖息地，

婺源醉美自然保护地

许多濒危物种和候鸟都选择在湿地中繁衍和迁徙。此外，湿地还能吸收二氧化碳，在缓解气候变化方面发挥积极作用。

婺源自然保护地的湿地生态系统包括河流、湖泊、沼泽、湿地、草地等多种类型。这些湿地区域的特点在于孕育了丰富的生物多样性，成为众多物种的栖息地和迁徙站点。湿地生态系统通常具有高度的生产能力，由于水分充足，这里的植物和动物生命力旺盛。同时，湿地还有助于水体的净化和保持水资源的稳定。

二、婺源湿地生态系统的生态重要性

（一）物种多样性

婺源自然保护地的湿地生态系统是许多濒临灭绝的珍稀物种的重要栖息地。这里栖息着各种鸟类、两栖动物、爬行动物和昆虫，其中一部分物种在世界自然保护联盟濒危物种红色名录（简称IUCN红色名录）上被列为濒危或受威胁物种。

（二）水文调节

湿地在调节水文循环方面发挥着关键作用。它们可以吸收大量的降水，减缓洪水的发生，同时在旱季释放储存的水分，维持周边地区的水源供应。

（三）生态平衡

湿地作为生态平衡的重要组成部分，参与了氮、磷等营养元素的循环，有助于防止水体富营养化。湿地的生态系统还为许多食物链提供了基础，维持着整个区域的生态平衡。

（四）婺源自然保护区的湿地类型及特点

1. 湖泊湿地

婺源自然保护区内分布着多个湖泊湿地，如鸳鸯湖、高山平湖等。湖泊湿地是稀有的淡水生态系统，为水生生物提供了宝贵的栖息地。湖泊湿地还对当地水资源的调节和供应起到了关键作用。

2. 沼泽湿地

沼泽湿地是婺源自然保护区的另一重要湿地类型，通常有独特的水文环境，是许多珍稀植物的理想生长地。沼泽湿地具有很强的水源涵养功能，对维持区域水资源平衡具有积极影响。

3. 河流湿地

婺源自然保护区的河流湿地生态系统是生物多样性的重要组成部分。这些河流为周围地区提供了水源，为动物提供了栖息地和食物资源，同时也是当地人类社会的生活和经济活动的重要支撑。

4. 湿地草地

湿地草地是婺源自然保护区湿地生态系统的重要组成部分，为许多动植物提供了丰富的食物资源。湿地草地还有助于固定土壤，防止水土流失，减缓土壤侵蚀。

（五）湿地生态系统的保护与挑战

1. 生态保护措施

婺源自然保护区湿地生态系统的保护需要采取一系列综合性措施，其中包括建立生态监测体系，加强法律法规的制定和执行，推动科学研究和教育，促进公众的环保意识提升，同时与周边地区开展合作，共同保护湿地生态系统。

2. 面临的挑战

随着城市化的不断发展，婺源自然保护地湿地生态系统面临着日益增加的城市化压力。人类活动带来的水体污染、湿地开发和生态破坏，可能对湿地生态系统造成损害。过度的农业、渔业和旅游活动，可能干扰湿地的生态平衡。乱捕乱捞、垃圾倾倒等不当行为也可能会影响湿地区域的生态质量。气候变化导致的极端气候事件可能对湿地造成严重影响，如干旱、洪水等。这些都可能影响湿地内的物种多样性、水文循环和生态平衡。

（六）保护措施与展望

1. 生态修复与恢复

为了保护婺源自然保护区湿地生态系统，需要进行生态修复和恢复工作，其中包括植被恢复、水体净化和栖息地重建等措施，以帮助湿地生态系统重新建立健康的平衡。

2. 教育与宣传

加强公众教育和宣传活动，提高人们对湿地生态系统的认识和保护意识，鼓励人们采取可持续的生活方式，减少对湿地的不良影响。

3. 跨界合作

婺源自然保护区湿地生态系统跨越了不同地域，需要跨界合作，与周边地区、政府部门、科研机构以及社会组织共同合作，共同致力于湿地保护和可持续发展。

为了保护婺源自然保护地的湿地生态系统，需要制定全面的保护措施，其中包括加强法律法规的执行，推动科学研究，提高公众的环境意识，促进可持续的土地利用规划，并在全球范围内合作应对气候变化。

婺源自然保护区湿地生态系统作为自然界的宝贵资源，不仅为地方生态平衡和人类社会发展提供了重要支持，还在全球生态系统中发挥着重要的生态和环境功能。只有通过合理的保护和可持续的管理，我们才能确保这一珍贵的湿地生态系统得以延续，为子孙后代留下宝贵的自然遗产。

（本节由薛苹苹、毛小涛执笔）

西冲村

第二节　村落生态系统

　　村落是人类文明的摇篮。从史前时代到当今信息社会，像中国这样的农业大国，村落不失为人们生活的基石。如今，人类社会处于生存与发展的关键时期，以村落为中心构成的农村生态环境问题，是关系人类生存与发展的重大问题。学界普遍认为，村落对环境的缓冲、社会的稳定、区域的生态平衡具有重要作用。

　　村落是人类发展的摇篮。"今天的所谓城市人，往上数三代都是农村人。"2003 年，著名文化学者冯骥才先生在考察婺源古村落后，为全县干部作报告时这样说。他还指出："乡村是老百姓生活的家园，让这块乐土上真正的主人多呼吸一些世代相传的气息吧。"冯先生所指的"世代相传的气息"，其内涵与外延都十分丰富，这里面的"气息"，自然包括了"村落生态系统"。

　　叙述村落生态，必然离不开村落形态。在中国，村落形态类型较多，有华北地区的四合院村落、华中河道纵横地带的水村村落、黄土高原地区的窑洞村落、游牧民族的帐篷村落、西南少数民族地区的干栏式村落、闽西地区的圆形土楼村落，以及江南地区的山居村落等。而婺源的古村落，当属于江南地区山居村落的一个重要分支——皖南古村落。

一、婺源村落生态系统的结构

将"生态"融入村落，婺源果然如此青绿。

走进婺源村落，给人的第一感觉是古朴中透着清新典雅，美丽中蕴含着舒心祥和。或许，这种"感觉"，就源自村落的生态系统。村落生态系统结构比较复杂且比较稳定，主要表现在以下六个方面。

（一）民居

婺源民居的生态系统，最讲究朝向与阳光、空间与空气这四者之间的关系，因为它们与居住质量密切相关。

朝向与阳光　婺源建居，在朝向上绝大多数人选择坐北朝南，这是对自然现象的正确利用。首先有利于取暖。坐北朝南的房子，厨房、楼梯、余屋等建在北向，房间与厅堂建在南向。在冬季，民居南面的温度比北面的温度可高1～2℃，巧妙地利用天道取暖，以日月光华颐养身体，陶冶情性。其次有利于避风。清末何光廷在《地学指正》中指出：向南所受者温风、暖风，谓之阳风；向北所受者凉风、寒风，谓之阴风。阴风吹骨寒，道败家衰。

空间与空气　自古至今，婺源全域的空气质量都是一流的。全域一流空气质量的基础，源于千百年来全域居民对生态环境的孜孜以求。

这种孜孜以求，直接体现在百姓在民居建造时的巧妙设计上，如猪禽之舍、积肥灰炉等，都布置在与正屋相隔的余屋内，而牛栏则建在村外，这样就最大限度地保证了民居的空气质量。

（二）水源

用水　婺源村落的生态系统，绕不开水源这个话题。婺源民居十分讲究用水：一是饮食用水，首选泉水与井水，次选溪水与河水；二是生活用水，包括洗衣、洗浴用水与牲畜、菜地用水。即使是离河较远打井用水的农户，其生活用水都会进行严格区分，比如下晓起的双井印月圆井、上晓起的剑坞方形双井，一口专门用于饮食用水，一口专门用于生活用水，不可混淆。

废水　关于废水，婺源村落民居的处理方式也是值得世人借鉴的。比如，每幢民居都有自己的排水系统与利用方式：天井水通过明堂坑水道，在室内地下暗沟转个圈再排出屋外；屋檐水直接滴到墙外明沟中；厨余水中有残留的饭菜则用于喂猪，或调糠食喂鸡；多数人家直接在河中浣洗衣物……

（三）山林

"绿水青山就是金山银山"是习近平生态文明思想的重要组成部分。婺源县自然保护地建设取得令人瞩目的成就，既是婺源人领会、贯彻、落实习近平生态文明思想的结果，也充分验证了习近平生态文明思想的高瞻远瞩。

婺源村落生态系统的基础就是森林。郁郁葱葱的林木，绵亘不绝的山脉，尽情地展现在这片古老的大地上。从古老的杀猪封山，到封禁后龙山与水口林、拜樟树神等古老徽州独有的"生态文化"传统，再到今天为古树名木建档立卡、以电代柴、以气代柴、封禁阔叶林等，婺源保护森林的措施一脉相承，在新时代呈现出新形态。特别是县内自然保护地数量众多、种类多样，包括国家级（灵岩）森林保护区、县级自然保护区、自然保护小区、省级森林公园、乡村森林公园、湿地公园等。正是基于这一系列实打实的生态保护制度与机制，才有了世世代代婺源人在绿冠如云、壶天洞水中的美好生活。

（四）农田

农田生态也有独立的系统，且颇为复杂，包括了时间结构、空间结构、水平结构、垂直结构和营养结构等5个结构，其功能包含了能量流、物质流、信息流和价值流。这样的概念与描述方式，除了专业的研究人员（专家），没几人能听得懂，更不懂该如何运用。

简单地说，生态系统需要有优质的土地、水源与阳光支撑，才是完美的农田生态系统。

江岭梯田与篁岭梯田，四季轮流种植水稻与油菜、荞麦、三角梅或者园蔬，努力打造成四季缤纷的花海。江岭篁岭的梯田，在全县32万亩农田中占比很小，不能代表婺源农田的生态系统。广义上的婺源农田生态系统，包括西南乡以中云镇、太白镇、赋春镇、紫阳镇（高砂片）为主的平原农田，和东北乡以溪头乡、段莘乡、浙源乡为代表的高山梯田，它们都有优质的土地、水源与阳光，能产生预期价值。然而，婺源属于低山丘陵地带，深山区有一定比例的"屁股丘"、冷浆田与"污砉田"，在农田生态系统中，它们缺乏优质的土地、水源与阳光支撑。

据中国农科院作物研究所专家介绍，传统稻作系统有利于甲烷减排。先祖们开山成梯、挖泥堆垛，在崇山峻岭之腰，构建了丰富多样的稻田。由于水稻植株具有非常强的通气组织，可以将空气中的氧气输送到缺氧的稻田土壤中。这位专家还称，传统稻作非常重视收集河泥、塘泥、沟淤等，可将其直接或经堆沤后施入稻田用作肥料。这样既减少了水稻的施肥量，又降低了稻田温室气体排放，还减少了自然湿地洼地的有机物淤积，使甲烷产生菌没有足够的"食物"，进而抑制甲烷产生，促进甲烷氧化减排达15%以上。

邑内大地呈现出的婺源农田的生态系统，是中华优秀传统农耕文化生生不息的见证。在这些看似平淡无奇的传统耕作中，处处蕴含着保护生态的中华智慧。

（五）菜园

书面用语中人们习惯将菜园称作"自留地"，而在婺源，农民们一般就称呼其为菜园。从古至今，农民有充足的人粪尿与牲畜肥等有机肥料，种菜都用农家肥，而且是腐熟了的农家肥。农家肥需要经过堆肥、完全发酵腐熟后才使用。农家肥腐熟是有标准的：一是肥堆体积塌缩到原体积的1/3左右；二是无臭味、无白色菌毛；三是稻草等秸秆全部软化水解；四是堆温降到40℃以下。这就是经农家肥培育出的蔬菜做出的农家饭菜香的奥秘。

（六）畜牧

在畜牧方面，从古至今婺源都未形成规模化产业。鸡、鸭、鹅等家禽与牛、羊、兔等家畜，都是农户散养，仅用于自给自足。这种千年不变的散养方式，对环境的好与坏都无伤大雅，无须赘述。

二、婺源村落生态系统的主要类型

婺源村落一个个"林业保护小区"与"后龙山、水口林"并存，一个个"水源保护区"与一条条溪水并流，其生态系统中没有"人进林退""人居水浑"的现象。婺源村落的生态系统主要类型，可分为"团状"村落、"点状"村落和"线状"村落三种类型。

（一）"团状"村落

婺源"团状"村落不少，如清华村、游山村、豸峰村等，而其中最典型的莫过于被称为"脸盆村"的大鄣山乡菊径村。

据《何氏宗谱》记载，"宋乾道己丑年（1169），何嘉由婺源上田卜居婺源九径，以山水缭曲言也。因当地皆茂莒树，亦名莒径"。明永乐戊戌年（1418），裔孙何式恒取陶渊明《归去来兮辞》中"三径就荒，松菊犹存"这充满生态意蕴的诗句，将村名更名为菊径。

菊径村是婺源县大鄣山乡菊径行政村驻地，坐落于婺源县北部的大鄣山余脉一条"U"形曲折的河谷北岸，有着丘陵山区典型地形地貌特征。菊径村占地面积60亩，距乡政府所在地12千米，距县城紫阳镇51千米。千百年来，菊径村村民秉承祖训，不求功名闻达，唯以耕读传家，勤劳为本，不参与世事纷争，默默在这方山水间繁衍生息，延续婺源书乡的千年世风古韵。2019年6月，菊径村成功入选第5批"中国传统村落"。

菊径元宵节

民居古建　菊径村是一个以何姓为主的千烟古村，其民居为粉墙黛瓦的徽派建筑。《何氏宗谱》中有古诗曰："斯乡廿里尽何家，莒水同源处处嘉；团集云礽联谱牒，多生碧玉长新芽。"村落水口建有何氏宗祠与燕嘴廊桥，2006年，温兆伦、宋春丽等知名演员在廊桥拍摄了《爱在战火纷飞时》等电影。2017年元宵节当晚，"航拍中国·江西·婺源菊径"在央视九套隆重播出。

水系生态　发源于大安山和五花尖南面的溪涧，径流12.5千米，环村绕过菊径时称为菊源水。菊源水径流20千米至清华，再经思口、武口、婺源县城、太白进入乐安江，最后汇入鄱阳湖。菊源水河面上建有"虹亭"廊桥、板凳桥和水泥桥，连接村落与公路。

山林生态　村后的后龙山郁郁葱葱、生机盎然。北侧后山植被茂密，红叶绿荫，林相美观。齐彦槐的诗句"林梢烟似带，村外水如环"，正是菊径村的真实写照。站在虹亭廊桥上，南观水口密林，北观山林生态，西赏菊源溪水，真乃风景满眼，鸟鸣满耳，花香扑鼻，令人心旷神怡。

人文生态　乾隆年间，菊径村确定了八处极具人文生态的景观：菊径清风、竹林明月、大车山峙、摇鼓潭深、溪东落石、岭北横云、双鲤名桥、两虹壮幕。菊径村还注重发挥历史文化作用，村民依据宗谱制订家规家训、乡规民约，村内民风淳朴、邻里和睦，精神风貌良好。

生态收入　菊径村的农田极少，但植物种类繁多，山水间的野生动物种类丰富，村民们的主要收入来自可循环的"林下经济"，如无污染的绿茶、油茶、蜂蜜、板栗等绿色农产品，通过线上、线下销售，打出了菊径品牌。此外，他们还利用"婺源·中国最美乡村"这一金字招牌，与"中国最圆的古村落"这独一份的招牌发展旅游业，大大增加了村民们的收入。

（二）"点状"村落

婺源的"点状"村落不少，如段莘乡阆山村、思口镇西冲村等。而典型的"点状"村落当属西冲村。

西冲村古称"西谷"，村落面积约150亩，位于婺源县中部思口镇西南隅，距县城紫阳镇22千米。西冲村是俞姓聚居地，于南宋端平年间由俞氏十六世祖世崇公迁于此地，至今已有780多年历史。

对村落生态的钟爱，是刻在婺源人骨子里的。据《西冲俞氏宗谱》记载，始迁祖俞世崇徙此时，是因为"独爱西谷山环水抱，有田园之美，无市井之哗，爱筑室于斯，聚族于斯焉"。

西冲村四周是郁郁葱葱的青山，山环水绕，古树参天，"山取其罗围，水取其回曲，基取其磅礴，址取其荡平"。古代西冲村"地非通衢"，若不沿蜿蜒的溪流前行，难以见到屋宇人家，因而有着"世外桃源"之称。全长850米的村内青石板古道呈"丫"字形在村内延伸，勾画出村庄历史的背影与当下的轮廓。

明清时期，受徽商风尚影响，西冲俞氏外出经商者众。他们行至今天的南京、上海等地以商为业，成就了大批徽州史上叱咤一时的木商、茶商。在发家后，他们又带着巨额财富回馈乡里：大量购置土地、鱼塘和房产，在进行原始生产资料积累后，凭借丰厚的资产大力献田办学、捐建桥路、赈饥救灾、乐施公益。

历史的车轮滚滚碾过，西冲村的民居、商铺、祠亭、古木，既展现了当时的繁荣，也留下了商人的文化符号。时光荏苒，"耕读传家"仍是西冲村留给今人无法磨灭的最初记忆。如俞开华古宅内窗棂"琴棋书画"木雕的典故，还有大梁上雕琢有犁、耙、秒等农耕符号，无不默默地向后人展示徽州"耕读传家"的美德。如今，西冲村被认定为江西省"生态村"、江西省"双十佳休闲旅游秀美村庄"、"中国传统村落"。

民居古建　西冲古村落中，粉墙黛瓦的明清古民居错落有致，村民世代居住的房屋面积大、功能多。这些民居大多分为正屋、余屋、客馆、书院，建筑形制多数与婺源其他古宅相同，都是典型的徽派建筑，砖、木、石三雕精湛，具有较高的历史文化价值。据2013年申报"中国传统村落"时调查可知，村内既有宗祠、庙宇，又有书院、客栈，更有"全国重点文物保护单位""江西省重点文物保护单位""上饶市重点文物保护单位"各1处，"婺源县重点文物保护单位"7处，还有46幢徽派古民居仍然住人，占地面积400平方米以上的古宅有9幢。

西冲村遗存的古建筑不少，如古祠堂（敦伦堂）是第六批全国重点文物保护单位；相公庙，是西冲俞氏对"商圣"范蠡"忠以为国，智以保身；商以致富，成名天下"的尊崇。村内有平板石桥5座跨"西冲溪"，平均长度约2.5米，平均宽度约0.8米；有古井8口，分别是耕心堂井、二房井、吴王井、有孚井、开窍井、染屋背井、长生泉、新安第一泉，还有1处"大路转弯"古代交通标志。

水系生态　西冲村坐落于六水朝西的山谷平地上，"川流难得是朝西，六道清泉遍町畦。细漱轻浮山影动，余霞斜映夕阳低。象占庶富夸丰腴，诱发人文仰焕奎。灵异如斯诚罕见，堪舆应可测端倪"。这首由清代施衡所题的《六水朝西》描述的就是西冲村的水系生态。

村庄的供水状况良好，居民以山上自来水为饮用水源。灌溉和洗刷主要集中于村东南侧的小溪。村内的排水系统将废水由排水沟直接排入村外农田中。有垃圾桶对垃圾进行集中处理，污水主要由化粪池储存用于农家肥料。

山林生态 西冲村落四周群山涌翠，森林植被茂密，植物种类丰富，古树名木繁多，村中有香樟、红豆杉、樱桃、浙柿等名木古树300多棵。随着生态保护力度的加大，村域山体稳固。除了漫山遍野的古树，在西冲村口，还有一片郁郁葱葱挂牌保护的古树林，数量多达15棵，具体信息见表3.1。

表3.1 西冲村村口古树名木登记表

序号	编号	树 名	树龄(年)	树高(m)	冠幅(m²)	现 状
1	01	樟树	约160	约50	约120	长势良好
2	02	枫树	约100	约53	约80	长势良好
3	03	樟树	约200	约48	约100	长势良好
4	04	枫树	约70	约30	约60	长势良好
5	05	柞木	约100	约43	约90	树干挺直
6	06	糙叶树	约120	约46	约100	长势好
7	07	糙叶树	约50	约30	约90	长势好
8	08	女贞树	约160	约48	约130	长势良好
9	09	浙江柿	约150	约42	约90	树干挺直
10	10	樱桃树	约100	约26	约60	长势好
11	11	红豆杉	约50	约30	约70	长势良好
12	12	樟树	约100	约50	约100	长势好
13	13	枫树	约200	约62	约80	长势好
14	14	枫树	约200	约65	约90	长势好
15	15	红豆杉	约160	约46	约120	长势好

人文生态 历史上，西冲村人对文化教育相当重视。现存书院与经馆有4处，分别是乙照斋、友竹居、古香斋和小吾庐。由此可见，西冲村人懂得普及教育的重要性，认为读书不仅是科考进身之阶，也

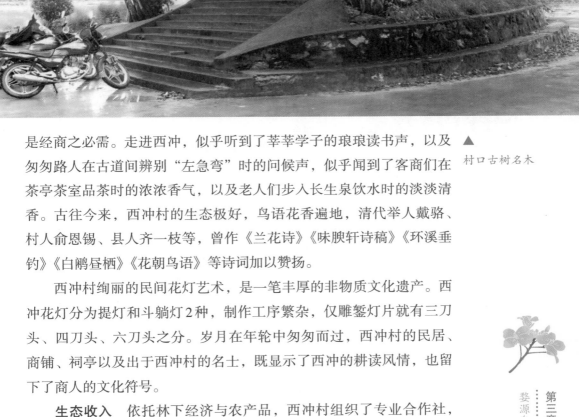

▲
村口古树名木

是经商之必需。走进西冲，似乎听到了莘莘学子的琅琅读书声，以及匆匆路人在古道间辨别"左急弯"时的问候声，似乎闻到了客商们在茶亭茶室品茶时的浓浓香气，以及老人们步入长生泉饮水时的淡淡清香。古往今来，西冲村的生态极好，鸟语花香遍地，清代举人戴骆、村人俞恩锡、县人齐一枝等，曾作《兰花诗》《味腴轩诗稿》《环溪垂钓》《白鹇昼栖》《花朝鸟语》等诗词加以赞扬。

西冲村绚丽的民间花灯艺术，是一笔丰厚的非物质文化遗产。西冲花灯分为提灯和斗躺灯2种，制作工序繁杂，仅雕錾灯片就有三刀头、四刀头、六刀头之分。岁月在年轮中匆匆而过，西冲村的民居、商铺、祠亭以及出于西冲村的名士，既显示了西冲的耕读风情，也留下了商人的文化符号。

生态收入 依托林下经济与农产品，西冲村组织了专业合作社，发展农村合作经济，加强农村有机作物种植，促进了农业产业发展。利用村内丰富的古民居优势，西冲大力发展旅游民宿，吸引了无数客人来此品尝农家饭菜，欣赏这里的青山绿水与厚重的人文底蕴。

（三）"线状"村落

"线状"村落多建在河谷地带，比如词坑口（秋口）村。词坑口，就是词坑村外水口。词坑口村建在星江河秋口段，北紧靠后山，南紧

词坑口（秋口）村/
吴根华 摄

临秋口河。自上街（古称晓秋口）至下街老加油站全长约1.8千米，最窄处上街桥不过8米，最宽处在秋口镇政府，不足200米。中间只有一条不足10米的县级公路，是一个相当典型的弓形"线状"村落。

秋口村是镇政府所在地。一直以来，秋口村都把村落生态当作头等大事来对待。后山披苍翠，前河泛绿波，自水口至电站大坝下，几十棵粗壮挺拔的古樟沿岸而立。还有在20世纪六七十年代，妥善利用奔流不息的河水，历经8年建成的秋口大坝及其水渠与水电站，为当地的经济建设输送着取之不尽的绿色电能。

婺源的"线状"村落不少，如中云镇孔村、思口镇西源村等，限于篇幅，不再逐一介绍。除上述"线状""点状""团状"三种类型外，婺源村落还有"集合""散村""大村""小村"等类型，也不再一一赘述。

婺源村落生态系统，既是先人智慧的结晶，也源自世代婺源人的呵护保育和接续传承。随着社会的进步和时代的发展，婺源村落生态系统的形态也在不断发生变化，但"万变不离其宗"，追求的都是生生不息、国泰民安。

（本节由毕新丁、汪发林执笔）

婺源醉美自然保护地

第四章

婺源自然保护地自然遗迹

大鄣山瀑布/
程政 摄

第一节 瀑 布

（一）大鄣山

被旅游界称为"中国最后的香格里拉"的婺源县，位于江西省东北部，与皖、浙两省交界。全县属丘陵区，地形上有"八分半山一分田，半分水路和庄园"的特征。而且婺源是唯一一个以县城命名的国家AAA级景区，全县共有1个AAAAA级景区江湾，李坑村、汪口村、思溪延村、大鄣山卧龙谷、灵岩洞、严田古樟等11个AAAA级景区。婺源县境内地势北高南低，由北东向南西倾斜，北部的黄山支脉以障公山为屏障，形成800~1400米的中低山，山体雄厚，河谷深切，溪流湍急，植被茂盛。水系由北向南汇流。婺源县境内河流属于饶河水系，是乐安河发源地。

江西婺源森林鸟类国家级自然保护区北面的大鄣山，亦称"三天子鄣"，地处皖赣边界，是婺源县的北部屏障。这里地处黄山、庐山、三清山和景德镇这个旅游金三角区之间，人文荟萃，有浓郁的徽州文化和徽派古建筑。明代诗人汪循《登大鄣山》诗云："清风岭上豁双眸，擂鼓峰前数九州，蟠踞徽饶三百里，平分吴楚两源头。"这也是"吴楚分源"的屋脊，是鄱阳湖水系乐安江与钱塘江水系新安江的分水岭。这里群山环抱，山峰林立，森林覆盖率高达90.7%，山峰标高800～1600米，主峰擂鼓尖海拔1629.8米，巍峨雄伟，俯瞰平川，是县内最高的山峰。大鄣山上云蒸雾绕，人行其间，犹如腾云驾雾入仙境。山中林木苍翠，奇石峥嵘，石涧纵横；壮观的瀑布如银河泻地。

▲
婺源最高峰大鄣山
"三天子鄣"擂鼓峰
/郡立忠 摄

（二）大鄣山瀑布

由于受到各期造山运动的影响，保护区地貌以中、低山为主，区内山峰海拔多在千米以上，山峦起伏、沟壑纵横，相对高差千米以上，坡度多在30°以上，一些地段大于70°，沟谷呈"V"形，陡壁巨石裸露，石砾连绵，母岩极难分化，土层浅薄，构成鲜明的中山自然景观。大鄣山的气候凉爽湿润，地貌独特，地质年代悠久，结构复杂，水资源丰富。山林木苍翠，奇石峥嵘，石涧纵横。大鄣山景区山高谷深、水系发达、溪流多，瀑布多且高差大，颇为壮观，形成了场面雄伟的瀑布群，如银河悬空，白练垂地，是婺源县的主要旅游景点之一，也是华东地区著名的景点。

（三）卧龙谷瀑布

大鄣山卧龙谷是国家 AAAA 级景区。谷内群山环抱，山峰林立，森林覆盖率高达90.7%，主峰海拔1629.8米，巍峨雄伟，是一处景观价值独特的山地峡谷景区。峡谷内异常深幽，两岸是陡峭的山崖、石

第四章
婺源自然保护地自然遗迹

◆

067

壁。沿峡谷蜿蜒深入，可见层层飞瀑。沿峡谷而上，一路峰回水转，潭幽水静，清澈见底，气流飞溅，白沫四起，瀑声如雷。谷内急流汹涌，震耳欲聋，国内第二高瀑布从193米处凌空倒挂，真可谓"飞流直下三千尺，疑是银河落九天"。谷里郁郁葱葱，瀑布成群，飞龙吐玉，彩池连环，交相辉映，随处可见绿色的树、白色的瀑布、彩色的深潭。春季山花烂漫，夏季郁郁葱葱，秋季层林尽染，冬季冰雕玉砌，四季色彩变幻。经地质学家探明，这是在亿万年间，由火山喷发而形成的稀有的自然奇观。"卧龙谷"的得名，源自古老传说：许多年前曾有一条龙从峡谷越过，由于这里太美了，便选择留在潭中。现已开放的鄣山大峡谷——卧龙谷，是一处景观价值独特，完全保留了原始风貌的高山峡谷景区。

（本节由牛娟、毕新丁执笔）

第二节　洞　穴

（一）洞穴发育背景与过程

洞穴资源特色是指某洞穴区别于其他旅游资源的特点，是洞穴资源独特性的体现，主要以古代文化艺术为特色。从地貌学上讲，森林公园有着森林喀斯特的典型特征。其中，较为典型的类型是洞穴喀斯

婺源醉美自然保护地

灵岩洞老君炼
丹/程政　摄

特、峰丛喀斯特和峰林喀斯特。灵岩洞群发育在江南古陆北缘、紧邻扬子准地台（扬子板块）的地块内，自中元古代形成基底以后，长期受风化侵蚀作用，缺失寒武纪、奥陶纪、志留纪、泥盆纪等下部古生代的石灰系黄龙灰岩、船山灰岩和二叠系梁山组、阳新统石灰岩。由于该处为海湾和局限海的碳酸盐岩沉积层，具有空间分布不广、范围不大、厚度薄（碳酸盐岩石总厚度83.6米）的特点，特别是受南西—东北向高角度变逆冲断层所约束，碳酸盐岩层呈封闭的船形体镶嵌在两断层之间，不仅面积小，四周均被相对隔水的非碳酸盐层所包围，形成了封闭、孤立的地质环境。此地表现为推移式的逆冲断层，将原先与婺源大山乡附近的上部古生代碳酸岩地层由南向北推移了1千米，形成高度南北侧中元古代横涌组非碳酸夹盐地层。燕山运动期间还不时地有地下岩浆岩喷发和侵入，碳酸盐层之上，覆盖了非溶性地层（东、北部），大致到新生代开始，上覆非碳酸盐逐渐被剥去，喀斯特作用发生，洞穴发育。从地质历史上可以看出，生成洞穴是从新生代开始一直延续至今的，故从喀斯特发育时期来说，应属于新生代以来的单时段洞穴。

（二）灵岩洞

江西省洞穴岩溶地貌分布广泛，具有山秀、洞奇、水清、石怪等景观特征。其中江西省灵岩洞国家森林公园，地处婺源县大鄣山乡西部，总面积3000公顷，地理坐标为东经117°34′02″～117°39′34″，北纬29°26′57″～29°30′52″。灵岩洞国家森林公园内群山逶迤，峰峦叠嶂，山川秀美，集孤山、秀水、茂林、修竹、幽谷、溪水、奇洞、古村和历史人文等风景资源于一体。其中，以溶洞为主的石灰岩地貌构成了森林公园内千奇百怪的地文景观。公园以瑰奇深幽闻名，内分灵岩洞群、石林古树群、石麟奇观3部分。这里无山不洞，无洞不奇，洞中有洞，洞洞相连，洞下有水，水水相接，是我国长江中下游地区岩溶地貌的代表。早在晚唐时期，这里就已被开发，至北宋时已成为著名游览胜地之一。南宋时期的地理志书《方舆胜览》中记载道："洞体大者雄浑奇伟，小者玲珑秀丽，内泉流澄清皎洁。"千百年来，它以"怪石，异水，奇穴"吸引着无数游人。在1993年，经国家林业部批准，这里被列为"国家森林公园"；又在1995年经江西省政府批建，成为"省级风景名胜区"，面积约30平方千米。灵岩洞群由卿云、莲华、涵虚、凌虚、琼芝、萃灵等36个溶洞组成。洞体大者雄浑奇伟、小者玲珑秀丽，洞内泉流澄清皎洁，水石相映成趣，石笋、石花、石柱、石幔，千姿百态。有蓬莱仙阁、金阙瑶池、云谷游龙、天池荷香、龙门泻玉等景观数百处。更为称绝的是，洞群间仍保留有"岳飞游此"、"吴徽朱熹"、明代戴铣的摩崖石刻等唐代以来的游人题墨2000多处，堪称一座古代石刻大观园，是一个融自然与人文景观为一体的风景名胜区。

（三）灵岩古洞群

在通源村周边，除涵虚洞外，已探明的溶洞还有莲华洞、卿云洞、凌虚洞、萃灵洞等35个，洞内景观千姿百态，形态各异。这些溶洞中，有的高达80米、宽达60米，人游其中，如沧海一粟；有的上下重叠、左右相连，洞中有洞，如重楼迷宫；有的地下泉流淌其间，形成晶莹清澈的地下湖泊、瀑布和河流。在宋代已有"三岩九洞绝尘寰"之名；在清代更是被誉为"地球上已发现之第一佳胜"。洞中景物纷呈，恍若仙府，令人目眩，名人题刻琳琅满目。灵岩洞内的摩崖石刻均刻在悬崖峭壁之上，集文化、书法和石刻艺术于一体，或隶或篆，或楷或行，苍朴遒劲，浑然天成。历代题词的名人有名将岳飞，理学大师朱熹、齐彦槐、施璜等。

（四）涵虚洞

灵岩古洞群中号称"第一洞天"的是涵虚洞，面积720平方米，游程210米。涵虚洞上下7层，愈下愈空愈险，景观也愈多愈奇。洞中飞云腾涌，岩瀑横陈，钟乳倒悬，石笋擎天，造型奇异，底层与地下河相通。洞内流水潺潺，波光倒影，乘舟畅游，别有一番情趣。涵虚洞的魅力在于"石怪、洞险、水奇、墨香"4个方面。根据调查和分析，涵虚洞具有观赏旅游、文化旅游、探险旅游和科学旅游等多种功能，是综合性的旅游洞穴类型。例如堆积物适中，堆积有序，优美异常，洞、水、石融为一体的"云垂海立"。涵虚洞第二层与第三层之间的垂直距离达35米，其中第三层为"墨香楼"，是涵虚洞的精华所在，迎门岩壁上留有"第一东南洞，历观唐宋游"10个苍劲大字。由于洞穴景观奇特，洞外环境优异，涵虚洞很早就被道教首选为洞天福地。唐代道士郑全福于会昌四年（844）从龙虎山迁至此处，先在莲花洞修炼，后于涵虚洞下修建通元道观，并在游涵虚洞时题名，随之文人墨客、官宦士大夫接踵而至，留下墨迹、题词。在70多米长的洞壁上，密密麻麻地挤满了上千处的历代游人对灵岩洞的题字、题咏。游人们通过诗词、文学的表现形式歌颂洞内景色幽雅秀丽，赞叹天之造化或表露自己当时的心情。涵虚洞不仅自身洞险，尚有不少支洞未能查明，洞区附近有被誉为"三十六洞"的洞穴系统，各洞之间的关系错综复杂，陡壁临空、十分凶险，洞穴系统的发展、布局等都有待洞穴探险爱好者探查。

（五）翠灵洞

灵岩洞群最雄伟、最瑰丽的是萃灵洞。面积达 2 万平方米，左有"灵霄""震寰""霓虹""太虚"四宫，右有"瑶池""春闺楼"二院，它们都是中国神话传说中神仙居住的地名，由此即可想象它的缥缈雄奇和生动有趣。值得称奇的是"霞寰宫"中那一排排大小不等的石磬，用手轻击，能演奏动听的乐曲，尤其是长达数丈的"震天磬"，敲之声若巨雷，余音数分钟不息，为洞中的一绝。奇石、美泉、幻景、古迹，在这已探明的 36 个洞中还有很多。这些珍贵而又独特的"灵岩绝景"虽暂未得到很好的开发，但目前已有不少想先睹为快的游客不远千里、不惧险阻前来探险、考察。

（六）高湖山通天窍

"窍"的本义之一，是指人体上的窟窿、孔洞，如耳、目、口、鼻。婺源家乡话中将"窍"引申为岩洞、洞穴。

高湖山通天窍位于高湖山白云古刹左后山冈上。明代婺源沱川才子余绍祉在《高湖山记》中说："从庵后登数百武（步），有一窍深不可测，天将雨即云气涌出，若甑中炊者为通天窍。"山顶一窍，冒白气即能预知下雨，不能说不是奇观。传说，通天窍深邃无底，出口可通山北脚下的休宁县。

（七）高湖山狮石

高湖山狮石在观日台右侧，明代沱川人余绍祉在《高湖山记》中写道："狮子石，高广数丈，莹白如玉。"狮石下有两个崖洞，可容 10 余人避雨。狮踞洞顶，上有两个小窟如同狮的两只眼睛，常年水流如注，为山上"非人工能为"的绝景。

（本节由牛娟执笔）

第三节　湖　泊

在现代地质学中对湖泊的定义是陆地上洼地积水形成的、水域比较宽广、换流缓慢的水体。婺源水域比较宽广的湖泊不多，主要有大塘坞水库"鸳鸯湖"、段莘水库、叶坑水库等主要的人工水体。婺源的自然湖泊水体不多，其中主要的有高湖山上的湖泊等。

（一）鸳鸯湖

鸳鸯湖是婺源自然保护地域内的主要湖泊。该湖位于婺源县赋春镇，离县城紫阳镇43千米，居东经117°30′～117°32′、北纬29°18′～29°20′之间，原名"大塘坞水库"，是1958年兴建，1960年竣工的中型蓄水水库。20世纪80年代初，因水库周围生态环境良好，吸引了众多的鸳鸯来此越冬，故1986年后逐渐被改称为"鸳鸯湖"。1997年，这里被列为"省级自然保护区"。保护区总面积917公顷，核心区面积230.9公顷。鸳鸯湖汇水区面积940公顷，其中最高水位水域面积155.9公顷。湖区自然植被以常绿阔叶林、马尾松林为主，森林覆盖率超过95%。良好的自然环境，吸引了大量的动物在此栖息繁衍。据初步统计，湖区共有动物89种，其中哺乳类17种，爬行两栖类22种，鸟类50种。鸟类又分为水鸟类14种，山林鸟类36种，尤以鸳鸯居多，最多时有2000多只，占全世界已知野生鸳鸯数量的2/3，是亚洲乃至全世界最大的野生鸳鸯越冬栖息地。每年秋末冬初，鸳鸯"携儿带女"聚集在保护区越冬，被海内外媒体誉为"生态奇观"。"一泓天池水，层峦叠嶂峰。苍穹云袅娜，飞来万道虹……"就是鸳鸯湖美景的真实写照，是镶嵌在婺源大地上的一颗"明珠"。婺源鸳鸯湖曾被央视一套《正大综艺》和央视四套《自然的力量》报道。

（二）高山平湖

婺源自然保护地内的主要湖泊还有段莘水库，因其主要库区在段莘村而得名。与鸳鸯湖一样，段莘水库也是人工湖泊，高山平湖是段莘水库的别称。它始建于1970年，竣工于1973年，是一个以发电为主，集养殖、灌溉、防洪于一身的中型水量调节水库。

段莘水库坝高37米，设计库容为5180万立方米，有效库容为4150万立方米。

在段莘水库一段快要干涸的河床上，有一座被湖水"淹没"桥面的"三眼桥"。在连不成片的湖水中，三眼桥倒映出不完整的曲线，在历史的长河中，或许桥上的故人旧事尚未走远。

（三）高湖山

高湖山，是江西婺源与安徽休宁的界山，最高峰摩天顶海拔1116.6米，是婺源第二高山。

高湖山上有湖，据旧县志载，"山上有湖，宽六七亩，四时不涸，故名"。宋代诗人汪铭燕《题高湖山》诗云："晴峦界断半边秋，雾锁山腰白浪浮。无数小峰时出没，湖光万顷点轻鸥。"从此诗中可看出，当时湖面宽广，还有水鸟栖息。民国五年（1916），虹关文人詹宽《登高湖山绝顶》诗云："跋涉高峰入茂林，登临仙境白云深。满湖明月当天照，绝壁清泉助我吟。侧耳金风鸣瑟瑟，举头黑雾暗沉沉。望人台上思三友，何日追陪再访寻。"从诗中可见，20世纪初高湖山的湖面仍然很广。1989年，由江西人民出版社出版的《上饶风采》一书在介绍高湖山时写道："……峰下一平坳，四方皆是山峦石峰。中间一湖约3亩，常年不干。"据此可知，20多年前湖中仍然有水，只是湖面比原来缩小了一半左右。如今，高湖已彻底干涸，只留下一片低凹痕迹，再无昔日风采，令人遗憾。

（本节由祝维、毕新丁执笔）

冬日高湖山/
王兆奎　摄

第四节　峰　　林

　　婺源自然保护地境内峰峦起伏，群山绵延，地貌以山地、丘陵为主，地势由东北向西南倾斜，山脉以郭公山（即大鄣山）为主，向四周绵延伸展，形成许多错综复杂的余脉，山势高峻，海拔多在千米以上。境内大小山峰共有219座，其中海拔300米以上的有177座，海拔不足300米的有42座。海拔1000米以上的有27座，均系皖赣界山。其中，以大鄣山的六股尖为境内最高峰，海拔1629.8米。

　　大鄣山的大峡谷——卧龙谷，是一处景观价值独特的山地峡谷景区。春季山花烂漫，夏季郁郁葱葱，秋季层林尽染，冬季冰雕玉砌，四季色彩变幻。峡谷间瀑布成群，飞龙吐玉；彩池连环，交相辉映。

文公山原名"九老芙蓉山"，位于婺源县西部，距县城仅27千米，主峰海拔315米，森林覆盖率达99%，大气环境质量远超国家一级标准。山上松树、杉树、栗树、栲树、楠树、枫树等名贵树种繁多，十万亩天然阔叶林遮天蔽日浩瀚无垠，是享受"森林浴"的绝佳胜地。文公山中有朱熹祖墓，山因朱熹的谥号为"文公"而得名。文公山上林木葱翠，主要景点有积古驿道、积庆亭、朱熹祖墓、桂花塘、仿竹亭等，最引人注目的是朱熹回乡扫墓时亲手种植的古杉群，原先他种了24棵，寓意24孝，现存有16棵，至今逾800余年，长势依然旺盛，最高的有38.7米，最粗的胸围有3.07米，为国内罕见，具有重要的历史研究价值。碧水、青山、凉亭、碑廊、楼阁、古树、古驿道、古文化，这些共同构筑了文公山的绝美景色和养生奇境。

（本节由祝维执笔）

第五节　峡　谷

峡谷是指谷坡陡峻，深度大于宽度的山谷。它通常发育在构造运动抬升和谷坡由坚硬岩石组成的地段，当地面抬升速度与下切作用协调时，最易形成峡谷。如我国长江流域的三峡，就是世界闻名的大峡谷。

大鄣山卧龙谷

大鄣山卧龙谷位于大鄣山的南部，是一片纯原始、纯生态又充满野趣的高山峡谷。这里空气清新，春季山花遍野，夏季绿草茵茵，秋季层林尽染，冬季冰雕玉砌。峡谷内瀑布成群，飞龙吐玉；彩池连环，交相辉映。紫色的山、绿色的树、白色的瀑布、彩色的深潭，这里既

婺源醉美自然保护地

像一幅天然的泼墨山水画，又宛如陶渊明笔下的世外桃源，是远近闻名的夏季避暑胜地，吸引了大量游客。拾级而上，眼见群山苍翠，耳听流水潺潺；舒缓处潭幽水静、清澈见底，湍急处气流飞溅、瀑声如雷。

大鄣山卧龙谷/
程政 摄

近年来，为了更好地保护生态资源，在保留卧龙谷原生态环境的基础上，成立了大鄣山卧龙谷景区。景区大门口立有一块巨石，上有金庸先生亲笔题词——大鄣山卧龙谷。首期开发的卧龙谷景区被称为"江南第一奇谷"，以"雄、险、奇、秀"著称。雄：峡谷长3千米，河段天然落差达730米，急流汹涌，轰鸣震谷；险：峡谷深切，切割深度500~1000米，最大坡度达80多度，峡谷幽深，危崖峭壁；奇：谷内瀑布众多，千丈瀑从落差193米高处的悬崖绝壁凌空倾泻，属"国内第二高瀑"；秀：奔泻的清泉，穿行于岩石之间，悬垂流蚀，形成深潭、彩池，宛若银钱串珠，阳光照射，七彩交织，水动石变，相映生辉，呈现出一幅幅美妙动感的画面。

卧龙谷所在的大鄣山是鄱阳湖水系乐安江与钱塘江水系新安江的分水岭，自古就有"吴楚分源地"之说，后人称其为婺源之源。大鄣山古称三天子鄣，主峰擂鼓尖海拔1629.8米，巍峨宏伟，鸟瞰平川，是"吴楚分源"的屋脊，也是婺源县内最高峰。

大鄣山地区地质年代悠久，水资源丰富，气候凉爽湿润，地貌独

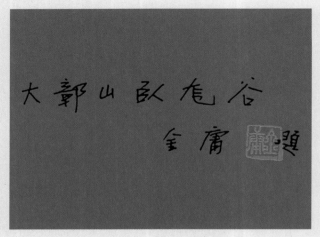

特，蕴藏着极其丰富的生物资源；卧龙谷保存着结构复杂、功能齐全的自然生态系统。大鄣山卧龙谷现有植物种类900余种，并有红豆杉、香榧、楠木、檀木、南果、猴欢喜等珍贵树种。在茂密的原始森林中，有狗熊、山羊、豪猪、猢狲、黄莺、猫头鹰等珍禽异兽栖身。

总之，卧龙谷的山水，生生不息，如一幅天然泼墨的山水画、一首雄浑跌宕的交响曲，是令都市人魂牵梦萦的乐土胜境。

（二）石门山峡谷

石门山峡谷坐落在皖、浙、赣三省交界的大鳙山下，与浙江钱江源共分山水。石门山峡谷紧邻篁岭景区，谷内飞瀑流泉、怪石嶙峋，峡谷幽深、峭壁如门，一派原始的峡谷风光。早在光绪年间出版的《婺源地理教科书》中就称这里是婺源的"婺水之源"。

除此之外，沱川乡的飞凤峡，也是婺源县内一处远近闻名的峡谷。

（本节由程然然执笔）

婺源醉美自然保护地

第五章

婺源自然保护地自然景观

大郫山乡程村古
树群落/程政 摄

第一节 森林景观

森林资源不仅仅是一种自然物质资源，同时也是人类所拥有的有限的自然美学资源。森林景观由不同森林群落或森林植被类型为主体的土地单元镶嵌组成，具有明显的视觉特征，并兼具经济、生态和美学价值的地理实体。它是建设森林公园、开展生态旅游的基础。

一、森林景观类型

在遵循景观类型学基本准则的基础上，以森林景观的外在特征为主，同时兼顾森林群落类型划分的群落——生态学原则，可将全县的森林景观主要划分为杉木林、松林、针阔混交林、阔叶林、毛竹林、茶园、灌木林、经济林和疏林地等9种类型。各森林景观类型的主要特点如下：

婺源醉美自然保护地

杉木林景观　以人工栽植的纯林居多，少量混生有马尾松、木荷、枫香、檫树等，其林下植被主要有檵木、野茉莉、柃木、算盘子等灌木。杉木林景观主要集中分布于东北部和几个国有林场及中部人口密集、交通较方便的地段。

松林景观　绝大多数为马尾松林。除此之外，有部分湿地松林、火炬松林、黄山松林和少量的其他松林。马尾松林多为原生植被破坏后天然飞籽成林的，也有一部分人工造林，少量混生树种有杉木、樟木、栎栲类、木荷、枫香和其他阔叶树等，主要分布在海拔较低区域；湿地松林和火炬松林主要是由国有林场、林业工作站营造的人工林。黄山松林主要分布在鄣公山、西坑尖海拔较高的山场，林中只有零星木荷等树种混生，林下灌木主要有华箬竹、落叶女贞、圆锥八仙、猫人参等。

针阔混交林景观　指针叶树或阔叶树蓄积均占65%以下的森林类型。主要由石栎、栲树等硬阔叶树和马尾松、杉木混交，构成该景观的主要树种有石栎、栲树、马尾松、杉木、麻栎、苦槠、木荷、檫木、楠木等，多为天然形成的复层林分。

阔叶林景观　指阔叶树蓄积占65%以上的森林。绝大多数为常绿阔叶林，少量为落叶常绿混交阔叶林。常绿阔叶林是本区的地带性植被，主要由壳斗科的栲属、青冈栎属、石栎属，樟科的樟属、楠属、润楠属、山胡椒属，山茶科的木荷属、黄瑞木属、山茶属、柃木属以及杜英科的杜英属等构成。其中，建群种主要有栲树、苦槠、甜槠、乌楣栲、石栎、木荷、天竺桂、红楠等；灌木层以连蕊茶、赤楠、马银花、红凉伞、乌饭树及柃木为主。虽然乔、灌木层均混有少量落叶成分，但未起到建群作用，景观外貌是四季常绿。在海拔800～1400米区域主要呈现落叶阔叶林与常绿阔叶林混交形式，其特点是乔木层以落叶成分为主，如槭树属、椴树属、水青冈属、青钱柳属、枫香属等，但也夹杂不少常绿成分，如青冈栎、褐叶青冈、青栲、苦槠、石楠等；而灌木层主要是常绿成分，如柃木、尾叶山茶、华东楠、天竺桂、新木姜子、刺叶樱、胡颓子及杨梅等，也有不少落叶种类，如白栎、红果钓樟、三桠乌药、化香、映山红等。阔叶林景观比较集中分布于西南部和县境四周毗连地区。

毛竹林景观 主要由毛竹林构成，同时也包括少量其他杂竹林，如低海拔山地可见苦竹与阔叶树种的镶嵌群落。毛竹林常混交一些阔叶树，主要树种有枫香、木荷、栲木、苦槠等。这种景观类型在海拔100~200米及海拔800~1000米处较为多见，主要分布于西南部的中洲、珍珠山及东北部的鄣山、溪头等地。

茶园景观 主要由人工种植的茶树构成的景观类型，在全县有广泛的分布。这种景观结构整齐，层次单一，混杂其他植被稀少，只有少数零星的乔木或套种少量泡桐等树种。

灌木林景观 指由灌木树种（不含灌木经济树种）或因生境恶劣矮化成灌木型的乔木树种以及胸径小于2厘米的小杂竹构成，覆盖度在30%以上的林地景观。其主要树种有矮化小乔木和种类繁多的灌木树种；生长在海拔800米以上的灌木林主要有山楂、杜鹃、乌药、鼠李、绣线菊、华箬竹等；在大鄣山一带海拔1000米以上的山地还有黄山杜鹃、黄连分布；在山顶或顶部山凹处，可见成片的黄山松矮林，构成特殊的森林景观。灌木下草本植物有禾本科草、小山竹、蕨类等。

经济林景观 由人工栽培或天然起源经人工抚育而成的、主要由经济树种组成的一种景观类型。主要经济树种有板栗、油茶、猕猴桃以及柑橘类、梨桃类等。

疏林地景观： 由乔木树种构成，郁闭度0.10~0.19的林地景观类型。不包括竹林和灌木经济林。

二、森林景观格局

数量特征 全县阔叶林景观的斑块数及占总面积的比例均最高，其次为杉木林景观，斑块数及占总面积的比例最低的均为疏林地景观。阔叶林景观在全县占极为重要的位置，它是该区气候条件下形成的典型森林景观类型，是构成优美景观的最重要因素；而杉木是南方主要用材树种之一，当地农村居民有种植杉木的习惯，长期以来是全县人工造林最主要的树种，在用材林中占绝对优势，有利于保护天然林阔叶林这一重要的景观资源。从平均斑块面积看，全县平均斑块面积约19公顷，茶园和经济林的平均斑块面积较小，主要因为茶园和经济林这两类景观几乎都是人工景观，对立地条件的要求较高，连片大面积的斑块较少。

形状特征 由于自然地理条件及适度的人为干扰，全县森林景观的形状既体现了自然不太规整的一面，也反映了其有序化的特点。景观形状的适当有序化虽看似不太规整，却能提高县域内景观的整体观赏价值。其中，经济林、茶园这两种景观较为简单和规整，主要因为它们多是受人类社会经济活动影响较大的人工景观，栽植时人为控制边缘形状程度较高，规划较规则，它们的形状也趋向于简单化。

破碎度特征 从总体来看，全县森林景观破碎化程度较低，景观保持自然原貌的程度较高，这也是县域景观显得优美的因素之一。相对而言，茶园、经济林这两种景观的破碎化程度较高，其他森林景观类型的破碎度比较接近。

分离度特征 不同森林景观类型的分离度相差较大，体现了研究区既有连通性强、以宏观美取胜的景观特点，同时又反映出景观在空间上的交错分布，这种统一性与多样性的有机组合使得县域的森林景观具有较高的美学质量。其中，阔叶林、杉木林景观的分离度较低，阔叶林是县域内典型地带性植被，在山区，该类型在地域上往往具备连片分布的特点，加之对阔叶林保护得力，使得阔叶林斑块自身连通性强；杉木林景观则多呈现在交通较方便的区域及立地条件尚好地区，斑块自身连通性也较强。

▲

方思山红豆杉/
程政 摄

多样性特征　全县森林景观的多样性较高，自然景观受人为改造的程度不大，自然景观保护得尚好，这不仅有利于整个景观系统的稳定，而且创造了较强烈的视觉效果，提供了较多的旅游资源，使景观具有较高的美学价值。从优势度看，全县优势景观为阔叶林景观，同时又有多种景观类型分散其内，构成分散的斑块景观结构类型，其基本构型以较大斑块为主，全县阔叶林这种典型地带性植被保护良好，对维护整个区域的环境、表现区域景观特色起着重要作用。各乡镇之间的森林景观多样性及优势度之间的关系较为复杂，它们在空间上存在较大的差异。其中，大鄣山乡、江湾镇的景观多样性较高，许村镇较低；而在优势度上则中云镇较高，紫阳镇较低。各乡镇之间的多样性、优势度相差较大这一特点使得县域内不同地域形成不同的景观特色，提高了全县景区（点）的丰富程度。

三、森林景观美学质量

由于人类活动影响的广泛性，人类文化也对景观产生了深刻的影响，人们根据自己对环境的感知、认识、美学准则、信念等文化背景来建造和改变景观。森林景观也不单纯是一种自然综合体，在与人类相互作用的过程中，被人类注入了不同的文化色彩和内涵，进而能陶冶人的情操，激起人对自然的热爱，增强环保意识。除此之外，森林景观还具有构造、协调、衬托、屏障等美学功能，其美学特性主要体现在色彩、体态、形状、气味和声响等方面。

茶园景观　境内的茶园景观往往镶嵌在山坡森林中。山林之中镶嵌着片片茶园，茶树枝叶繁茂，林相整齐。由于树形矮小，自然地貌特征表现充分，茶园景观显得错落有致，加之周边有大片森林植被的衬托，视野宽阔，容易把人们的注意力吸引到茶园中，联想到绿色食品，给人以纯朴、健康之感，从而产生强烈的美感。当地居民种植茶叶有1200多年的历史，享有"绿丛遍山野，户户有茶香"的盛称。

天然阔叶林景观　这是境内的主体森林景观，对整个区域的景观效果起着至关重要的作用，同时，也对境内保持良好的生态环境发挥了重要作用。天然阔叶林树种结构较复杂，林下植被丰富，多为复层结构的森林群落，构成了一种荫凉、幽静的绿色空间，往往给人以神秘、沉醉、联想、神往的朦胧美，具有较高的观赏价值。天然阔叶林景观的观赏美学价值与林分的演替阶段，以及林分组成树种的树干形态、自然整枝、色调、林木密度、林下层总盖度、林下层高度等因素有关。总体来说，树干通直、自然整枝良好、色彩富于变化有利于提高景观的观赏价值，而林木密度、林下层总盖度和林下层高度过高或过低（矮）都会给景观美学质量带来负面影响。

黄山松林景观　分布在郭公山、西坑尖海拔650米以上的山场。海拔800米以上可见大片黄山松林，黄山松林景观林下植被丰富，林相层次明显，多为复层林分。黄山松树姿优美，树形通直，刚劲挺拔，象征着坚贞不渝、浩气长存，让人感到"庄严肃穆，气壮山河"，也使得这种景观类型具有较高观赏价值。

毛竹林景观　古往今来，我国人民视竹为圣洁高雅、刚强正直的象征，竹文化博大精深，其高风亮节的品格给人以激励，催人奋进。而毛竹又有潇洒美丽的姿态，具有清秀高雅的形象美，能让人感受到幽雅宁静、满园苍翠，容易使人产生文化意境美感，具有较高的观赏价值。

古树景观　境内有着较多零星分布的古树景观。民间素有以珍贵树木点缀村景的习俗，故而全县各地遍布古树名木。据调查记载，现留存的古树，树龄在300年以上的有200多株。古树一般树形高大，与其周边植被相比，显得雄伟壮观，视觉反差大，很容易吸引人们的视线，具有很高的观赏价值。同时，古树历史久远的象征，往往引发人们回顾历史、产生长青不老等各种联想，具有较强的文化意境美，且具有一定的民族历史、文化和科学研究等价值。

（本节由欧阳勋志执笔）

▲
高湖山/王兆奎 摄

第二节 气候与地貌景观

一、高湖云海

高湖云海，亦是余绍祉笔下奇观。他在《高湖山记》中写道："有观云台，秋雨稍霁，白云千里，其平如概（概，过去量米时划平斗斛的用具，此处取其平坦之意），山僧谓之铺海。峰之极高者稍露其顶，若海之岛，江湖之渔矶。海市吾未及见，天地间至奇至幻之观，疑莫如此矣。"又说："然有连日得见者，有累月不一睹者。山川亦自秘惜以待清福胜缘者耶？"在余绍祉的眼中，高湖云海比海市蜃楼还奇妙，是天地间奇幻之最。然而，有时连续几天都能看到云海奇观，却也可能几个月它都不出现，正所谓可遇而不可期。余绍祉曾在高湖山上长住，才有机会常观细赏，领略其中妙趣。

▲
篁岭梯田/
曹加祥 摄

二、地貌景观

婺源属丘陵地貌，县境山地、丘陵占总面积80%以上，素有"八分半山一分田、半分水路和庄园"之称。地势由东北向西南倾斜，境内山峦起伏，走向不一，海拔1000米以上的高山有30多座。其中，县北的大鄣山最高，主峰擂鼓尖（又名"六股尖"）海拔1629.8米。高山挡光，林木蔽荫，云雾较多，时有雨日。山势地貌使婺源易涵养水源，境内河流众多，雨量丰富，多年平均径流1000~1200毫米。发源于邑内的几条支流——段莘水、古坦水、高砂水、横槎水和赋春水汇入乐安河，注入鄱阳湖，是名副其实的源头水。

据清道光《婺源县志·山川》记载，"婺之壤，则山踞八九，水与土逼处其间，才一二耳"。正因如此，东、北、西三面多崇山峻岭、茂密森林的地形地貌，让婺源一度是自安自守的"桃花源"。东晋以降，在北方政权更替的动荡中，中原士族纷纷举族南迁，婺源因山重水复、易守难攻，成了他们理想的避难所和归隐地。后来，在时代的发展进步和耕读文明的交融衍化下，村落、梯田等不断增多，形成了今天独特的婺源特色地貌景观。

篁岭村 素有"鲜花小镇""晒秋人家"美名，是一座山崖古村落，有600多年的历史。很多人因为晒秋知道了篁岭村，但其实这里的油菜花也是一大亮点，层层梯田塑造的油菜花海别有一番春韵。在这个较为封闭的自然环境里，篁岭如同被大山环绕，独享清净的空气、秀美的山野景观，还有那沿山坡开垦出来的万亩梯田。

篁岭的梯田花海，盛开时间共分三期：第一期油菜花大约在2月中下旬盛开，第二期高海拔油菜花大约在3月中下旬盛开，第三期可延长至4月中旬。篁岭的春天除了有油菜花之外，还有红梅、牡丹樱、玉兰花和福建山樱花等观赏性植物，一团团、一簇簇点缀着山坡。

江岭村 每逢秋日，江岭的梯田水稻进入抽穗扬花期。从高空俯瞰，层层叠叠的稻田从山顶蔓延至山脚，形状各异的大小梯田纵横交错、绵亘蜿蜒。青黄相接的梯田水稻犹如大自然的"调色盘"遍布乡野，与粉墙黛瓦的民居相映生辉，呈现出一幅生机勃勃的秋日丰收图。

江岭村利用独特的丘陵地貌发展特色种植，通过彩色水稻和普通水稻的间隔种植，把农田种成风景，实现农旅融合互促新局面。在推进农旅互促的同时，以文化创意协同助力，通过云上星空露营基地的打造，从"露营+旅游"的模式入手，打造江岭旅游新业态。

（本节由叶清、余义亮执笔）

江岭的梯田
▼

第三节　古树名木景观

　　根据《江西省古树名木保护条例》有关规定，古树是指树龄在一百年以上的树木，名木是指稀有、珍贵树木或者具有重要历史、文化、科学研究价值和纪念意义的树木。保护古树名木是深入贯彻习近平生态文明思想、践行"绿水青山就是金山银山"理念的必然要求，是保护中华民族悠久历史和文化的必然要求，是推进生态文明建设和美丽中国建设的必然要求，是弘扬生态文化、促进社会经济全面绿色转型发展的必然要求。

　　婺源县挂牌保护、树龄百年以上的古树名木有14116株，占江西省古树名木总量逾一成。涵盖杉科、松科、银杏科、罗汉松科、樟科、金缕梅科、壳斗科、冬青科、山茶科、木樨科、豆科、杜英科、槭树科、木兰科、榆科等80科。数量排位前10名的树种为：樟、枫香、苦槠、甜槠、米槠、钩栲、青冈栎、小叶栎、丝栗栲、南方红豆杉。属

于国家一级保护的有：南方红豆杉、银杏。属于国家二级保护植物的有：香榧、鹅掌楸、厚朴、樟、闽楠、浙江楠、连香树、喜树、香果树、玉兰10种。这些大多生长在村民房前屋后的古树名木，遍及全县172个行政村、1351个自然村。遍布乡野的名木古树，为婺源又增添一份古韵。汉代的苦槠、隋朝的银杏、唐代的香樟、北宋的紫薇、南宋的牡丹、明代的香榧，以及历时千余年的红豆杉、楠木、柳杉、罗汉松、刨花楠、黄檀，至今仍然长得亭亭玉立。在婺源的古树中，最有名的是被称为"江南第一樟"的虹关古樟和朱熹亲手栽植的巨杉。

婺源的古树名木多分布于零散且颇有价值的林地。为更好地保护古树名木，早在1992年，婺源就率先探索建立若干自然保护小区，对这些呈斑块状分布的天然林实施保护，取得良好成效。2015年5月，《婺源县自然保护小区（风景林）管理办法》出台，进一步明确了自然保护小区的含义、功能和价值定位，即"自然保护小区，是指村庄周围或房前屋后具有保持水土、涵养水源、防风固沙、净化空气、调节气候、观赏游憩和美化乡村等功能，且树龄较长、绿化效果好、有一定乡村文化底蕴的片林及古树名木群等风景林"。2017年3月，婺源县正式启动天然林保护工程；2018年1月，将9年前规定的"天然阔叶林十年禁伐"升级为长期禁伐；2018年7月，全面推行林长制，建立专职护林员队伍……这些政策举措与自然保护小区管理办法、村规民约等，共同促进了自然保护小区的管理与保护，为古树名木提供了全方位的保护。

2022年上饶市"十大最美古树群落"评选结果揭晓，婺源县的江湾镇篁岭古树群落、大鄣山乡程村古树群落、中云镇文公山古树群落、沱川乡金岗岭古树群落等均榜上有名。

（本节由余义亮执笔）

被誉为"江南古杉王"的文公山巨杉

第五章

婺源自然保护地自然景观

第六章

婺源自然保护地生物多样性

第一节　生物多样性概况

一、植被类型和植物区系

婺源县地处我国东部中亚热带北缘，属北半球东南季风湿润区。县域内地形复杂，高山溪流众多，生境富多样化，植被垂直分布规律明显，典型的地带性植被为亚热带常绿阔叶林，按海拔梯度从低到高形成落叶常绿混交阔叶林、常绿阔叶林、落叶阔叶林和温性针叶林。

婺源自然保护地的植被可分为7个植被型，28个群系和39个群丛。其中，以中亚热带典型常绿阔叶林的群丛最为丰富，如以樟科、壳斗科、山茶科等树种组成的常绿阔叶林，主要物种包括青冈、甜槠、钩栲、苦槠、丝栗栲、紫楠等，群丛数量达19个，占群丛总数的48.7%。群丛较为丰富的植被类型为落叶阔叶林，主要物种包括白栎、亮叶桦、枫杨、南酸枣和拟赤杨等，群丛数量有6个，占群丛总数的15.4%。

村落风水林是婺源重要的植被资源，全县保存了数量众多、环境好的风水林，主要植物群落物种组成包括毛竹、杉木、枫香树、青冈、苦槠、樟、小叶白辛树等。

婺源优越的区位孕育了丰富的植物多样性。全区共有高等植物280科842属1956种（含种下等级，下同），占江西省高等植物总种数的38.02%。其中，苔藓植物36科67属94种，占江西省苔藓植物种类的16.69%；蕨类植物30科64属138种，占江西省蕨类植物种类的22.09%；裸子植物8科13属16种，占江西省野生裸子植物种类的51.62%；被子植物186科719属1708种，占全省野生被子植物种类的41.53%。

二、大型真菌

婺源秀美的山水和丰富的植物多样性为大型真菌的繁衍提供了优

越的生境，境内有大型真菌33科64属112种，其中很多种类具有重要的经济价值和食用价值，如茧草、光滑鸡油菌、多汁乳菇、银耳、大红菇、玫瑰红菇、金柄牛肝菌等。

三、动物和昆虫

婺源保护湿地在动物地理区划上属于东洋界华中区东部丘陵平原亚区江南丘陵亚热带林灌农田动物群，与长江沿岸平原农田湿地动物群镶嵌过渡。境内植被繁茂、溪流纵横、生境多样，为野生动物和昆虫的栖息、繁衍提供了良好的条件。

脊椎动物：保护地记录有脊椎动物37目116科498种，占全省脊椎动物总种数的49.35%。其中，鱼类6目17科51种，占全省鱼类种数的24.88%；两栖动物2目8科26种，占全省两栖动物种数的65%；爬行动物有3目6科33种，占全省爬行动物种数的42.86%；鸟类有18目63科332种，占全省鸟类种数的57.07%；哺乳动物有8目22科56种，占全省哺乳动物种数的53.33%。

昆虫：婺源保护地共记录有昆虫27目215科1351种。按科数从多到少排列依次为鳞翅目、鞘翅目、膜翅目、双翅目、同翅目、半翅目、直翅目、毛翅目、脉翅目、蜻蜓目、弹尾目、蜉蝣目、革翅目、食毛目、原尾目、螱蠊目、虫脩目、螳螂目、等翅目、缨翅目、啮目、捻翅目、缨尾目、长翅目、广翅目、蚤目、虱目。

陆生贝类：保护地共有陆生贝类65种，隶属于4目17科30属。其中，巴蜗牛科4属21种，占总种数的32.3%；拟阿勇蛞蝓科3属12种，占总种数的18.5%；环口螺科6属11种，占总种数的16.9%；坚齿螺科3属4种，占总种数的6.2%；钻头螺科1属4种，占总种数的6.2%；扭轴蜗牛科2属2种，占总种数的3.1%；近水螺科、果瓣螺科、琥珀螺科、虹蛹螺科、瓦娄蜗牛科、艾纳螺科、内齿螺科、嗜粘液蛞蝓科、蛞蝓科、野蛞蝓科、烟管螺科均为1属1种。

（本节由彭焱松、周赛霞、张微微执笔）

第二节 自然保护地重点保护野生鸟类

婺源位于江西东北低山丘陵地区，乐安河上游，面积2947.51平方千米。境内地貌以山地、丘陵为主，其中最高峰位于大鄣山，海拔1633.9米。婺源处于中亚热带季风湿润气候区，气候温暖湿润；雨量充沛，年平均降水量1962.3毫米。婺源自然保护地内野生兽类丰富，主要有穿山甲、豺、大灵猫、小灵猫等几十种。

婺源水系发达，其天然水系发育包括长江一级支流饶河、二级支流溪乐安河等，溪河穿插于山谷中；生态资源丰富，森林资源覆盖率约为82%。江西婺源地处两大动物地理界（古北界和东洋界）的交汇地带，并且处于东亚鸟类迁徙通道上，独特的地理位置使得本地鸟类资源丰富且独特。婺源有鸟类302种，主要珍稀物种包括中华秋沙鸭、东方白鹳、鸳鸯、小太平鸟等。其中，蓝冠噪鹛为中国特有种，被IUCN列为极危物种，目前其野生种群仅分布于江西婺源及其周边地区，种群数量在300只左右。鸳鸯湖每年越冬的鸳鸯约为2000只，为全国最大的越冬种群；中华秋沙鸭越冬种群约为60只。

一、婺源鸟类群落

婺源鸟类种类隶属于63科332种。从科水平上看，鹟科鸟类种数最多，有22种；其次为鹰科、鸦科和鹭科，分别有鸟类13种、11种和10种。除此之外，其余科属鸟类均在10种以下。

二、婺源鸟类优势种群

从婺源鸟类数量来看，婺源保护湿地超过2000只的物种有1种，为栗背短脚鹎；超过1000只的物种有5种，除栗背短脚鹎外，其余4种分别是灰眶雀鹛、红头长尾山雀、灰树鹊和领雀嘴鹎；超过500只的鸟类11种，除上述5种以外，其余6种分别是麻雀、黑领噪鹛、丝光椋鸟、白头鹎、斑嘴鸭和灰喉山椒鸟。共计45种鸟种仅被记录到1个个体，包括朱鹮、彩鹬、白翅浮鸥、黑鸢、鸲姬鹟、丽星鹩鹛、黄胸鹀等。

婺源样线、样点数最多的鸟种为灰树鹊，有169处，其次是栗背短脚鹎、领雀嘴鹎、灰眶雀鹛、棕脸鹟莺和白鹡鸰，分别发现样线、样点数149、141、136、112、112次。有60种鸟类仅在1条样线或样点中被记录，包括朱鹮、彩鹬、赤腹鹰、黄胸鹀、红胸啄花鸟等。

从优势度上分析，仅栗背短脚鹎1种鸟的优势度大于10%，而优势度在1%～10%之间的物种共22种，分别是灰眶雀鹛、红头长尾山雀、灰树鹊、领雀嘴鹎、麻雀、黑领噪鹛、丝光椋鸟、白头鹎、斑嘴鸭、灰喉山椒鸟、棕脸鹟莺、红嘴蓝鹊、绿翅短脚鹎、白鹡鸰、栗耳凤鹛、白腰文鸟、棕头鸦雀、黑短脚鹎、普通鸬鹚、大山雀、灰头鸦雀和红嘴相思鸟，被判定为常见种，其余182种鸟类优势度均小于1%，为稀有种。

婺源县内的优势物种为栗背短脚鹎、灰眶雀鹛、红头长尾山雀、灰树鹊、领雀嘴鹎、麻雀、黑领噪鹛、丝光椋鸟、白头鹎等林鸟，且多为山区鸟类。

三、婺源鸟类新记录

婺源共有鸟类63科332种，近年来共调查到婺源鸟类新记录18种，隶属于6目12科，分别是八声杜鹃、黑苇鳽、白翅浮鸥、白腹鹞、黄嘴栗啄木鸟、方尾鹟、煤山雀、红耳鹎、白喉红臀鹎、褐柳莺、淡脚柳莺、华南冠纹柳莺、华南斑胸钩嘴鹛、白眉地鸫、白腹蓝鹟、铜蓝鹟、鸲姬鹟和红喉姬鹟。

现将婺源几种重要鸟类介绍如下：

1. 婺源特有的珍稀极危鸟类：蓝冠噪鹛

蓝冠噪鹛，原名黄喉噪鹛，是一种体型略小的噪鹛，身长23厘米。顶冠蓝灰色，特征为具黑色的眼罩和鲜黄色的喉。上体褐色，尾端黑色而具白色边缘，腹部及尾下覆羽皮黄色而渐变成白色。虹膜红褐色，嘴黑色，脚灰色。

1919年9月，在中国传教的法国神父兼博物学家古尔图瓦在婺源县采集到2只噪鹛鸟类的标本，随后这2只标本被送往法国。1923年，法国鸟类学家曼尼格（M. A. Ménégaux）对这2只来自中国婺源的标本进行了研究，以其采集人的姓氏命名为噪鹛属新种——*Garrulax courtoisi*。1923年，蓝冠噪鹛在江西婺源被发现，但仅有的那一只标本被发现者带到了美国。1992年底，国家濒危物种科学委员会收到一份发自德国的信件，称在从中国进口的画眉鸟中，发现混有蓝冠噪鹛，同时转来的还有一幅蓝冠噪鹛俏立枝头的彩色照片。根据资料考证，专家们认为那只混在画眉中的蓝冠噪鹛来自江西婺源的可能性较大。为了解开这个谜，1993年3月12日，中国科学院动物研究所何芬奇、张荫荪2位鸟类专家赶赴婺源考察，并将"婺源县自然保护小区主要植物和鸟种调查"作为国际合作课题进行研究，并将调查重点放在寻找蓝冠噪鹛野生种群上。经过半个月的调查，虽没有发现蓝冠噪鹛野生种群，但在县科技开发中心徐文中家中意外发现了一张其于1992年拍摄的蓝冠噪鹛标本照片。

这一发现说明1992年婺源境内还有野生蓝冠噪鹛存在。1996年12月，江西省野生动物保护管理局鸟类专家刘智勇、婺源县林业局高级工程师郑磐基、洪元华和何芬奇组成调查组，再次深入婺源山区进行野外考察。然而，3年过去了，始终没有发现蓝冠噪鹛的踪迹，调查组的考察工作也一直没有停止。

功夫不负有心人。2000年5月24日，奇迹出现了：调查组成员洪

▲

蓝冠噪鹛/
蔡茗鹏 摄

第六章

婺源自然保护地生物多样性

元华和郑磐基在自然保护小区进行野外考察时，意外发现一群体态轻盈俏丽、鸣声奇特悦耳的蓝冠噪鹛。调查组一行欣喜若狂，拿起相机一连用掉了好几卷胶卷拍照片。

蓝冠噪鹛的重现，引起了国内外自然保护组织的关注。2001年4月，德国动物物种与种群保护协会主席罗兰德·沃思博士一行在何芬奇的陪同下，专程赴婺源实地考察蓝冠噪鹛，并签订了为期3年的合作协议，每年无偿提供3000美元的专项保护资金。2001年10月，世界自然基金会把蓝冠噪鹛自然保护小区的建设列入"中国珍稀物种保护小型基金"项目，资助5000美元用于蓝冠噪鹛自然保护小区的建设。2003年4月，香港观鸟团一行15人专程到婺源考察蓝冠噪鹛。2006年，英国著名鸟类学家、国际鸟类红皮书及红色名录的主要编撰者考勒尔博士在《燕尾》杂志上发表文章，对亚洲鹛类（文中用的是 Timaliidae——鹛科）中一些种类的种名及分类地位做了综述和厘正。考勒尔博士的文章涉及多个在中国有分布的种类，其中包括将原黄喉噪鹛东南亚种重新升格为独立种，下辖亚种思茅亚种，并提议使用 Blue-crowned Laughingthrush 为该种的英文名。于是，原黄喉噪鹛下的中国两亚种，courtoisi 和 simaoensis，被视为一独立种另带一亚种，依据命名法则的优先权认定，以 courtoisi 为指名亚种，simaoensis 从之，其中文名为蓝冠噪鹛。

蓝冠噪鹛是地球上最稀少的濒危鸟类之一。在IUCN红色名录中，从2007年到2012年，蓝冠噪鹛始终属于极危物种，迄今所知，于繁殖期其占有面积不足10平方千米，种群数量不足200只。

2. 婺源鸟类家庭新成员：朱鹮

2023年3月下旬，婺源旃坑水口保护区首次发现了1只朱鹮。这是1只从浙江钱江源国家公园飞来的雄鸟。

历史上朱鹮曾广泛分布于中国东北、华北、陕西等地，在俄罗斯、朝鲜和日本亦有分布，而如今仅分布于中国陕西洋县。朱鹮栖息于温带山地森林和丘陵地带的邻近水源处，性孤僻，单独或成小群活动。朱鹮用长喙探入水滨泥潭中探寻食物，以小鱼、泥鳅、虾、蟹、蛙、

昆虫及其他小型动物为食。朱鹮的寿命可达17年。婺源自然保护区内
发现的朱鹮为钱江源国家公园野化放归后扩散而来，是婺源鸟类家庭
的新成员。

3. 国家一级保护动物：中华秋沙鸭

大型秋沙鸭，体长49~64厘米。雄鸟头颈和上背体羽绿黑色，体
侧、下背和腰白色。嘴长而窄、近红色，其尖端具钩。黑色的头部具
厚实的羽冠。两胁羽片白色而羽缘及羽轴黑色形成特征性鳞状纹。脚
红色。胸白而别于红胸秋沙鸭，体侧具鳞状纹有异于普通秋沙鸭。雌
鸟色暗而多灰色，与红胸秋沙鸭的区别在于体侧具同轴而灰色宽、黑
色窄的带状图案。虹膜褐色，嘴橘黄色，脚橘黄色。

中华秋沙鸭主要活动在河水清澈、环境隐蔽和人类活动干扰少的
河段当中。活动环境隐秘，对人为活动干扰非常敏感。小群活动，潜
水捕食鱼类。有10%~20%的种群在我国繁殖。属全球性易危。在中
国数量稀少且仍处下降趋势。繁殖地在中国东北；迁徙经于东北的沿
海，偶在华中、西南、华东、华南和台湾越冬。

在西伯利亚、朝鲜北部及中国东北繁殖；在中国的华南及华中，
日本及朝鲜越冬；偶见于东南亚。在我国主要分布于内蒙古、辽宁、

吉林、黑龙江、江苏、浙江、安徽、福建、江西、山东、湖北、湖南、广东、广西、四川、贵州、甘肃、青海、宁夏、台湾等地。

中华秋沙鸭为我国特有物种，属国家一级保护动物。其分布区域十分狭窄，数量也是极其稀少，全球目前仅存不足5000只。目前已经处于濒危的状态，被IUCN红色名录列为易危鸟类，被中国物种红色名录列为易危鸟类。江西省是目前已知中华秋沙鸭越冬数量最多的省份。随着各地到婺源观鸟人员的增加，许多观鸟者发现了中华秋沙鸭，主要分布在文公山片区，多年平均越冬种群数量在70只。

4. 国家一级保护动物：黄腹角雉

全长46～62厘米。雄鸟体型较大，头顶黑色，具黑色与栗红色的羽冠；上体大都呈栗褐色并满布淡黄色具黑缘的卵圆斑；下体淡黄；翼上覆羽似背羽，飞羽褐色杂有棕黄斑；尾羽黑褐色，密布不规则的棕黄斑及黑短带。脸部裸皮朱红色，喉部具翠蓝及朱红色肉裙，肉角翠蓝色。雌鸟体型较小，灰褐色，密布黑、棕黄色斑纹及白色矢状纹。

黄腹角雉是角雉中分布最东且海拔最低（800～1600米）的。栖息于亚热带常绿阔叶林和针阔混交林内。以蕨、草本植物的根、茎、叶、花、果实为主要食物，兼食少量动物性食物。交让木的果实及叶

中华秋沙鸭
▼

片，是黄腹角雉秋、冬季的嗜食对象，因而交让木也成为秋、冬季黄腹角雉的主要栖息过夜场所。繁殖期为3月至6月。筑巢于粗大树干的凹窝处或水平枝杈基部，以松针、枯叶、苔藓等编成简陋的皿状巢。每窝产卵3至4枚，最多可达6枚。雌鸟孵卵，孵化期28天。雏鸟于孵出后第2至3天随雌鸟下树觅食，并以家族群为基础过冬。

黄腹角雉为我国特产鸟类。分布于浙江、江西、广东、福建、广西以及湖南南部，均为留鸟。

1985—1986年，通过对广东、福建、浙江、广西的主要分布区进行数量统计，估算出黄腹角雉数量总计约4000只。由于阔叶林环境的丧失或被取代为人工针叶林，致使其栖息地条件恶化甚至丧失。已被列为国家一级保护动物，国际自然和自然资源保护联盟将其列为濒危种，濒危野生动植物物种国际贸易公约（CITES）将其列入附录Ⅰ，禁止贸易。在保护区内分布于鸳鸯湖片区与文公山片区。

5. 国家一级保护动物：白颈长尾雉

全长44～81厘米。嘴黄褐色，脚趾蓝灰色。雄鸟体型较大，头部淡橄榄褐色，后颈灰色，颈侧灰白色，上背和胸栗色，下背和腰黑色而具白斑，腹部白色，尾灰色而具宽阔栗纹。雌鸟体型较小，体羽以棕褐色为主，上体杂以黑色斑纹，头顶及枕部为褐色，腹部棕白色。

栖息于亚热带山地常绿阔叶林、落叶常绿混交阔叶林、常绿针阔混交林等森林灌丛或竹丛中，常以小群活动。主要食物为种子、浆果、植物嫩叶等。每年4月开始繁殖。地面营巢，常筑巢于林内或林缘岩石下，巢呈盘状，由枯枝落叶构成。窝卵数6至8枚。卵白色或玫瑰白色，大小为46毫米×34毫米。

仅局限分布于我国华中西部山地高原及华南北部地区。主要见于浙江、江西、安徽，福建西北部、广东北部、广西、湖南也有分布。是我国特有种，数量稀少。森林砍伐等栖息地破坏是主要致危因素。已被我国列为国家一级保护动物，国际自然和自然资源保护联盟将其列为濒危种，CITES将其列入附录Ⅰ，禁止贸易。在保护区内分布于鸳鸯湖片区与文公山片区。

6. 国家二级保护动物：白腿小隼

小型猛禽。体长17～19厘米，体重50克左右。羽色与红腿小隼有很大的不同，尤其是下体。头部和整个上体，包括两翅都是蓝黑色，前额有一条白色的细线，沿眼先往眼上与白色眉纹会合，再往后延伸与颈部前侧的白色下体相会合，颊部、颏部、喉部和整个下体为白色。尾羽也是黑色，只有外侧尾羽的内缘具有白色的横斑。虹膜亮褐色，嘴暗石板蓝色或黑色，脚和趾暗褐色或黑色。分布于中国、印度东北部和老挝等地。在我国分布于江西、江苏、浙江、安徽、福建、河南、广东、广西、贵州、云南等地，各地均为留鸟，但极为罕见。已被我国列为国家二级保护动物，被列入CITES附录Ⅱ，限制其国际贸易。在江西婆源鸟类保护区内的沱川与上晓起自然保护小区内，观鸟者发现其踪迹，种群数量估计为60只，人们得以一睹其芳姿。

7. 国家二级保护动物：白鹇

大型鸡类。雄鸟全长100～119厘米，雌鸟全长58～67厘米。雄鸟头顶及下体为蓝黑色，带金属光泽。脸部裸露皮肤呈红色。颈、背、翅均为白色带"V"形黑纹。中央尾羽为白色，两侧带黑纹。跗跖部为红色。雌鸟全身棕褐色，枕部具黑色羽冠。为安徽、江西及华南、西南各地的留鸟。我国共有9个亚种，其中在保护区分布的为福建亚

种（*L. n. fokiensis*）。栖息于海拔140～1800米的密林中，尤其喜欢林下的竹林和灌丛。食昆虫、植物茎叶、果实和种子等。一雄多雌，4月份发情；在发情季节，两颊的裸露部分开始增大，并由暗红色变为鲜红色，羽毛显得富有光泽。雄鸟求偶时，环绕雌鸟步行并有摆尾、击翅等动作。在地面凹处筑简单的巢，每窝产卵4至6枚。冬季则集群生活。全国种群数量在不断减少。致危因素包括栖息地的减少或破坏，繁殖期掏蛋等人为干扰。已被列为国家二级保护动物。

8. 国家二级保护动物：鸳鸯

小型鸭类。全长39～45厘米。雌雄异色。雄鸟羽色鲜艳，头具羽冠。羽冠由枕部铜赤色长羽和后颈的暗紫色和暗绿色长羽构成。翅上有一对醒目的栗黄色扇状直立帆羽。头顶、额深蓝绿色。眼周白色，向后延伸成白色眉纹。下颈、背、胸暗紫褐色，并有铜绿色金属反光。尾羽暗褐而带金属绿色。颈羽侧有领羽，细长如矛，呈辉栗色。翼镜蓝绿色，先端白色。腹以下白色，胸侧有两条白色细斜线，肋土黄色。雌鸟无羽冠，两翅无帆羽。嘴基有白环。眼周和眼后一条纵纹白色，头和颈的背面均灰褐色，上体余部橄榄褐色；颊和喉及腹均白色。

栖息于山地的溪流、河谷；常见于阔叶林和针阔叶混交林的沼泽、芦苇塘及湖泊等。9月下旬开始南迁。4月初迁至繁殖地，迁来前已成对。5月中旬在大树洞中营巢。5月中下旬产卵，每窝卵7至12枚。孵化期28至29天。鸳鸯以动物性食物为食，也吃一部分植物性食物。动

▲
婺源鸳鸯湖成群的
鸳鸯/胡红平 摄

物性食物主要指各种昆虫，其次是虾、蜗牛、蜘蛛以及小型鱼类和蛙类等其他动物。植物性食物则主要是青草、草籽、水生苔藓类等。繁殖结束后主食为植物性食物。

在我国繁殖于内蒙古、东北、黑龙江、河北、贵州、云南以及福建。迁徙时，沿着东南沿海一带以至长江中、下游及东南各省，在浙江、江西、福建、广东、台湾等地越冬，有时也见于山西、甘肃、四川、贵州、湖南、云南、广西等地。国外分布于俄罗斯、朝鲜北部、日本，偶见于印度。

未见大范围的估计数量报道。人为捕捉或掏取幼鸟是主要致危因素。此外，鸳鸯繁殖筑巢时需要利用大树的"天然树洞"，而这种大树逐渐减少，这也是鸳鸯致危的一个重要因素。已被列为国家二级保护动物。江西婺源森林鸟类国家级自然保护区的鸳鸯主要为冬候鸟，在鸳鸯湖片区内与通往上晓起的沿河有越冬的鸳鸯多群，种群数量估计超过2000只，少数为留鸟，此处是全国最大的鸳鸯越冬地。

四、婺源鸟类居留类型

婺源留鸟比例最高，占总鸟类种数的54%；其次为冬候鸟和夏候鸟，分别占鸟类种数的19%和18%；旅鸟最少，占鸟类种数的9%。

虽然留鸟比例最高，但迁徙鸟类（含夏候鸟、冬候鸟和旅鸟）的比例也将近一半，且与其他区域鸟类相比，婺源的旅鸟比例明显更高，

婺源醉美自然保护地

说明婺源在鸟类迁徙通道上是非常重要的区域，应当重视对迁徙鸟类的保护。

从数量上看，留鸟是婺源鸟类的主要部分，夏候鸟和冬候鸟个体数量相当，旅鸟其次。留鸟中，以栗背短脚鹎、灰眶雀鹛、红头长尾山雀、灰树鹊、领雀嘴鹎和麻雀数量居多；夏候鸟中家燕、白鹭、烟腹毛脚燕和金腰燕被记录到的数量居多；冬候鸟则以普通鸬鹚、北红尾鸲、树鹨和黄眉柳莺数量居多；旅鸟中则以白腹蓝鹟、北灰鹟、黄鹡鸰数量居多。

五、婺源鸟类地理分布类型

婺源东洋型鸟类所占比例最高，占总鸟类种数的43.87%；其次为古北型鸟类、东北型鸟类、南中国型鸟类和不易归类型鸟类，分别占总鸟类种数的18.87%、15.09%、10.85%、5.19%。此外，其余4种类型鸟类均少于10种：全北型鸟类7种，占总鸟类种数的3.30%；季风区型鸟类3种，占1.42%；喜马拉雅-横断山区型鸟类2种，占0.95%；东北-华北型鸟类最少，仅1种，占0.46%。

白鹭

六、不同生境类型鸟类种群数量

婺源鸟类生境分为11种。阔叶林是鸟类种数最多的生境，共有鸟类132种；其次是针阔叶混交林（93种）、水域（80种）、农田（77种）、居民区（68种）、竹林（65种）和竹阔叶混交林（46种）；再次是灌木（44种）、针叶林（42种）、针叶林竹林混交林（30种）和针叶林阔叶林竹林混交林（26种）。

阔叶林也是鸟类分布数量最多的生境，远高于其他生境；其次是阔叶林、针阔叶混交林、居民区、农田、竹林、竹阔叶混交林、灌木、水域、针叶林、针叶林竹林混交林和针叶林阔叶林竹林混交林。

婺源重点保护野生鸟类占鸟类总种数的19.34%，占江西国家重点保护鸟类的54.67%。这表明婺源森林鸟类的保护价值非常高，珍稀濒危物种众多，且从成分上看典型林鸟更多，仅5种为水鸟。其中，中华秋沙鸭和鸳鸯是栖息在林地水域中的鸟类，应重视林鸟及其栖息地的保护工作。

省级重点保护鸟种47种，隶属于11目19科，其中鹭科、鸭科和杜鹃科物种最多，分别为7种、6种和6种；彩鹬科、佛法僧科、鸮科、黄鹂科、卷尾科、鸱鸺科、鹛鹛科、拟啄木鸟科、鸦科和山雀科均只有1种。

在IUCN红色名录中被评估为"极危"级别的物种有2种，为蓝冠噪鹛和黄胸鹀，占总数的0.94%；"濒危"级别的物种有2种，为朱鹮和中华秋沙鸭，占总数的0.94%；"易危"级别的有3种，为鸿雁、小白额雁和白喉林鹟，占总数的1.42%；"近危"级别的物种2种，为白颈长尾雉、鹌鹑，占总数的0.94%；而其他203种均被评估为"无危"。

婺源湿地有中国特有鸟种共8种，隶属于2目6科，分别是乌鸫、灰胸竹鸡、白颈长尾雉、华南斑胸钩嘴鹛、棕噪鹛、蓝冠噪鹛、黄腹山雀和蓝鹀，占鸟类种数的3.77%。

婺源湿地有共有171种鸟类被列入最新的"三有名录"中，隶属于13目51科，占鸟类种数的80.66%。其中，鹟科物种最多，有20种，其次是鹭科和鸫科，分别有10种和9种，鸭科、鸫科和柳莺科则均有8种。

（本节由郭连金、戴炜执笔）

第三节　自然保护地重点保护野生植物

根据2021年国家林业和草原局和农业农村部发布的《国家重点保护野生植物名录》，婺源保护地分布有国家重点保护野生植物共计51种，隶属25科40属，其中国家一级保护植物有3科3属3种，分别为中华水韭、南方红豆杉和大黄花虾脊兰。国家二级保护植物有47种，其中苔藓植物1科1属1种，为桧叶白发藓；石松类和蕨类植物1科2属2种，分别为长柄石杉和闽浙马尾杉；裸子植物有3科3属4种，分别为华东黄杉、福建柏、榧树和长叶榧树；被子植物有18科31属40种，分别为厚朴、鹅掌楸、闽楠、华重楼、狭叶重楼、七叶一枝花、荞麦叶大百合、天目贝母、金线兰、白及、杜鹃兰、建兰、蕙兰、多花兰、春兰、寒兰、扇脉杓兰、细茎石斛、天麻、台湾独蒜兰、中华结缕草、八角莲、六角莲、短萼黄连、长柄双花木、连香树、野大豆、花榈木、长序榆、大叶榉树、尖叶栎、永瓣藤、红椿、金荞麦、茶、软枣猕猴桃、中华猕猴桃、金花猕猴桃、大籽猕猴桃、香果树。

婺源自然保护地另引种或栽培有众多国家重点保护植物，如银杏、伯乐树、水松、天竺桂、霍山石斛、莲、黄连等。

（本节由彭焱松执笔）

第六章　婺源自然保护地生物多样性

▲
鹅掌楸/邵立忠 摄

第四节 生物遗传资源

生物遗传资源是人类生存和社会经济可持续发展的战略性资源，其占有量及研究利用深度在国际上被作为衡量国家或者地区可持续发展能力及综合实力的重要指标之一。

江西婺源自然保护地位于婺源县西北部、西部，包括3个片区，即文公山片区、鸳鸯湖片区与大鄣山片区。其总范围在东经117°30′～117°51′，北纬29°07′～29°34′，面积12992.7公顷，其中核心区面积4407.4公顷。婺源县属中亚热带东南季风温暖湿润气候区，年均气温16.3～18.2℃，极端最高气温41℃，极端最低气温-11℃，历年降水量平均为1962.3毫米，年平均相对湿度83%，历年蒸发量平均值为1330.3毫米，全年无霜期252天，历年平均日照时数1715.1小时。这里四季分明，气候温凉，降水充沛，光照充足，霜期较短，并有明显的垂直变化特征，适宜亚热带常绿阔叶林、竹林、针阔混交林、山地草甸等植被发育，气候条件较为优越，动植物资源丰富。

一、植物遗传资源

据李振基等人2013年的调查研究发现，婺源县自然保护区内有高等植物257科789属1875种（变种、亚种和变型）。其中，苔藓植物36科67属94种，占全省苔藓植物种类的16.69%；蕨类植物30科64属135种，占全省蕨类植物种类的21.61%；裸子植物7科11属15种，占全省裸子植物种类的48.39%；被子植物184科647属1521种，占全省被子植物种类的37.01%。

（一）植物濒危物种

李振基等人的调查结果显示，保护区内有丰富的珍稀濒危植物，属于国家重点保护植物14种。其中，国家一级保护植物有南方红豆杉、银杏，国家二级保护植物有榉树、鹅掌楸、樟树、闽楠、野大豆、花榈木、永瓣藤、喜树、香果树等12种。而截至2022年3月30日，婺源境内已发现国家重点保护野生植物共54种，包括国家一级保护植物大黄花虾脊兰及霍山石斛，以及国家二级保护植物天竺桂、浙江楠、厚朴、杜鹃兰等。

李振基等人的调查结果中，列入IUCN红色名录和中国物种红色名录的濒危物种有八角莲、银杏、鹅掌楸、闽楠、银鹊树、柏木、细茎石斛、榉树、南方红豆杉、玉兰、白芨、春兰、钩距虾脊兰、独蒜兰、马醉木、鸡爪槭、毛果槭花榈木、永瓣藤、三尖杉、粗榧、山蜡梅、细叶石仙桃、青檀、紫果槭、阔叶槭、秀丽槭、香果树等40余种，其中有35种属于省级保护植物。

（二）用材树种

保护区为许多优质优良、珍贵用材树种的种质资源库，保存了许多粗大的罗汉松、南方红豆杉、玉兰、鹅掌楸、樟树、闽楠、浙江楠、檫木、钩栲、青钱柳等大树，用材树种多达40科66属103种。

（三）药用植物资源

婺源的药用植物资源相当丰富。保护区内药用高等植物资源丰富，有石松、江南卷柏、节节草、紫萁、里白、海金沙、车前、茵陈、黄连、地榆、前胡、桔梗、马兜铃、威灵仙、天南星、贯众、百部、栝楼、紫苏、黄精、百合、玉竹、何首乌、夏枯草、益母草、沙参、土麦冬、天门冬、银杏、黄栀子、吴茱萸、八角莲、淫羊藿、半边莲、白花蛇舌草、龙葵、天胡荽、石胡荽、羊乳、白英、酸浆、马鞭草、黄荆、紫花地丁、过路黄、积雪草、地锦、翻白草、龙牙草、虎耳草、佛甲草、凹叶景天、败酱、华重楼等560种。这些资源不仅种类繁多，而且储量丰富，保护、开发和利用好这些资源，将对促进江西经济发展，振兴江西的中医药事业，起到相当重要的作用。

（四）园林花卉资源

绿地作为城市规划与建设的一个重要组成部分，在改善城市生态环境和美化城市方面起着重要作用。城市绿地给人们增添了美丽的自然景观，也为居民和游人提供了休息和游览的场所，丰富了居民的文化生活，通过城市规划，合理种植花草树木，可以与城市建筑艺术相得益彰，美化城市环境。婺源自然保护区内高度的生物多样性为城市中绿地物种的多样化提供了保障，使得规划师能得心应手地将不同的植物应用于不同的地带、不同的场合、不同的层次。与此同时，室内摆设花卉的生产也成为大有发展希望的行业之一。

婺源保护湿地自然地理环境较为复杂，植物种类丰富。在《花经》等书中，可知保护区内有玉兰、樟、蓝果树、倒心叶珊瑚、网络崖豆藤、常春油麻藤、五裂槭、鸡爪槭、獐牙菜、华素馨、冬青、小果铁冬青、深山含笑、银鹊树、红楠、香叶树、山矾、披针叶八角、杜英、日本杜英、猴欢喜、南方红豆杉、石楠、桃叶石楠、木莲、紫藤、常春藤、紫花络石、地锦、野含笑、凌霄、梅、山樱桃、棣棠花、软条七蔷薇、绣球绣线菊、中华绣线菊、湖北海棠、锦鸡儿、美丽胡枝子、

渐尖叶粉花绣线
菊/裴利洪　摄

金丝桃、金丝梅、紫薇、齿缘吊钟花、云锦杜鹃、鹿角杜鹃、马银花、吊石苣苔、荞麦叶大百合、龙胆、建兰、春兰等473种有开发利用价值的园林花卉资源。

（五）食用植物资源

淀粉与糖类植物是指食用、工业用或作为酿造原料的植物，婺源自然保护区内有98种（含变种）可以供开发利用的淀粉与糖类植物。主要有壳斗科的锥栗、板栗、茅栗、钩栲、甜槠、苦槠、米槠、青冈、细叶青冈、小叶青冈、柯、灰柯、木姜叶柯等，及银杏、柿类等木本植物。橡实类中的锥栗有较大面积的野生群落。此外，还有黄精、玉竹、翻白草、石蒜、野菊、栝楼、百合、魔芋、薏苡等草本淀粉植物，计有100余种。尤其是板栗，栽培历史悠久、种质资源丰富、品质优良、驰名省内外、远销各地。野生果类有杨梅、尖嘴林檎、悬钩子类、油柿、浙江柿、东南葡萄、豆梨、杜梨、中华猕猴桃、小叶猕猴桃等。

（六）鞣质与染料植物资源

鞣质与染料植物是指含鞣质的植物，为制革工业的化工原料。婺源自然保护区内有鞣料植物有50种。除化香树、盐肤木、杨梅、金樱子、薯莨外，还有马尾松、杉木、樟树、扛板归、虎仗、羊蹄、菝葜、杨梅叶蚊母树、檵木、枫香、少叶黄杞、枫杨、油茶、木荷、厚皮香、华杜英、山杜英、构树、算盘子、乌桕、映山红、仙鹤草、地榆、小果蔷薇、锥栗、茅栗、苦槠、钩锥、龙须藤、山合欢、藤黄檀、地菍、臭椿、苦楝、野鸦椿、南酸枣、野漆树、木蜡树、漆树、青榨槭、木油树、灯台树、常春藤、黄栀子、茜草等，都是单宁植物，可用于制作鞣料或染料。

（七）油料植物资源

油料植物是指食用油、工业用油及油漆工业原料的植物资源，本自然保护区内共有油料植物89种。除油茶、油桐、乌桕外，黑壳楠种仁含油，为不干性油，为制皂原料。山苍子的种子含油，为工业用油。茶的种子油可作为精密机械的润滑油。朴树的种子油可作润滑油。白背叶的种子油可供制肥皂与油墨等用。野漆树的种子油可制油墨、肥皂，叶可提取栲胶，果皮可提取蜡。

短距槽舌兰/
杨军　摄

（八）香料植物资源

香料又称芳香油，是芳香植物组织中挥发性成分的总称，用于香皂、化妆品及调味品等。婺源自然保护区内的香料植物有刺柏、黑壳楠、山苍子、瓜馥木、水蓼、香附子、枫香、野花椒、中华猕猴桃、华素馨、小蜡、木犀、络石、黄栀子、忍冬、黄花蒿、艾蒿、牡蒿、泽兰、牡荆等43种。

（九）蜜源植物资源

保护区内有着丰富的蜜粉植物资源，为维持昆虫的多样性和发展社区居民养蜂事业奠定了良好的基础。保护区内的蜜源植物有马尾松、紫楠、小果山龙眼、黄瑞木、细枝柃、米碎花、微毛柃、木荷、中华猕猴桃、毛花猕猴桃、肖梵天花、山杜英、山乌桕、油桐、仙鹤草、蛇莓、光叶石楠、石斑木、小果蔷薇、金樱子、高粱泡、茅莓、龙须藤、胡枝子、丝栗栲、毛冬青、苦楝、南酸枣、灯台树、五加、白簕、楤木、拟赤杨、栓叶安息香、老鼠矢、忍冬、泽兰、泡桐、牡荆等53种。

（十）纤维植物资源

纤维植物是指用于编制、造纸、人造棉及纺织工业原料的植物资源。婺源自然保护区内有纤维植物资源有300余种，分布于禾本科、松科、榆科、锦葵科、瑞香科等科中。了哥王的茎皮富含纤维，为造纸的良好原料；白背叶的茎皮纤维可作为织麻袋、制绳索及混纺的原料；网络崖豆藤与朴树的茎皮纤维均可作为人造棉及造纸的原料；黑莎草的秆叶可搓绳索及作为造纸、制纤维板的原料等。毛竹的竹竿可作为建筑、梁柱、棚架、脚手架及各种竹器、竹编、竹制家具

第六章

婺源自然保护地生物多样性

等的材料，幼秆为造纸原料。构树的树干纤维韧性大，拉力强，细而软，可制人造棉。树皮纤维，可制造复写纸及蜡纸。瓜馥木和南酸枣的茎皮纤维可制麻绳等。

二、脊椎动物遗传资源

婺源自然保护区内具有十分丰富的脊椎动物资源。调查结果中，脊椎动物共有37目116科498种，占江西省脊椎动物总种数的49.35%。其中，鱼类6目17科51种，占江西省鱼类种数的24.88%；两栖动物2目8科26种，占江西省两栖动物种数的65%；爬行动物有3目6科33种，占江西省爬行动物种数的42.86%；鸟类有18目63科332种，占江西省鸟类种数的57.07%；哺乳动物有8目22科56种，占江西省哺乳动物种数的53.33%。

（一）鱼类

2013年，李振基等人在大鄣山采集到的8种鱼类，都是纯淡水鱼类，无外来物种。在保护区的鱼类种类组成中，鲤形目是最主要的类群，占保护区鱼类总种类数的75.0%。而鲤形目中又以鲤科鱼类为主，占保护区鲤形目鱼类总种类数的83.3%，占保护区鱼类总种类数的62.5%。在保护区的鱼类群落结构中，尖头鲅、中华沙塘鳢为优势种。

（二）两栖类

据2013年李振基等人的调查结果显示，在两栖动物中，蛙科种类最多，为优势科，蟾蜍科、大树蛙科和姬娃科种类最少，都仅含1种。两栖动物中属国家二级保护动物有虎纹蛙。此外，保护区国家重点保护野生动物名录中还包含大鲵及中国瘰螈，两者均属于国家二级保护动物。

（三）爬行类

李振基等人通过调查发现在保护区内爬行动物中，蜥蜴目7种，蛇目最多，有24种之多。这些动物中属游蛇科的家族最为庞大，有9

婺源醉美自然保护地

中国瘰螈/
杨军 摄

属11种，其次为蝰科，2属3种。大郭山分布的这32种爬行类动物中，我国特有种有6个，主要分布在我国的有12种；属于CITES附录Ⅱ名录的有2种，中国濒危动物红皮书中记载的共有10种，其中濒危的有4种、易危的有3种，依赖保护的有1种，需予以关注的有2种。保护区内国家重点保护野生动物名录目前记录有国家二级保护动物有5种，包括平胸龟、脆蛇蜥、三索蛇等。

（四）鸟类

在2013李振基等人的调查结果中，鸟类调查结果包括雀形目鸟类31科152种，非雀形目鸟类32科136种。留鸟最多，为110种（54.7%），其次为冬候鸟43种（21.4%），夏候鸟33种（16.4%），旅鸟15种（7.5%）。以东洋界种为最多，有115种，占57.2%；再次为古北界种，有76种，占37.8%；广布种10种，占5.0%。国家一级保护动物6种：白颈长尾雉、黄腹角雉、中华秋沙鸭、白鹤、金雕、遗鸥；国家二级保护动物31种：勺鸡、白鹇、鸳鸯、豆雁、小天鹅、白腿小隼、燕隼、红隼、蛇雕、黑冠鹃隼、赤腹鹰、松雀鹰、普通鵟、凤头蜂鹰、鹰雕、小鸦鹃、草鸮、领角鸮、雕鸮、褐林鸮、领鸺鹠、斑头鸺鹠、鹰鸮等。省级保护动物48种：（中华）鹧鸪、灰胸竹鸡、环颈

第六章
婺源自然保护地生物多样性

雉等。其中，蓝冠噪鹛是世界极危物种，全球种群数量不足200只，都分布在婺源，每年4月至6月在月亮湾与鹤溪兵营林保护小区进行繁育。此外，保护区内鸳鸯越冬种群达2000只，为全国最大的越冬种群；中华秋沙鸭越冬种群有70只。目前，婺源县国家重点保护野生鸟类名录包含13种国家一级保护动物及62种国家二级保护动

白鹇/葛东升 摄　物。其中，国家一级保护动物黄胸鹀、青头潜鸭、朱鹮、黑鹳为近两年在该保护区发现。

（五）哺乳类

在婺源自然保护区内哺乳动物中，食肉目的科数（28.57%）、属数（42.11%）、种数（42.90%）均最多，翼手目的科数（19.05%）次于食肉目，而啮齿目属数（18.42%）和种数（17.07%）位列第2，以鳞甲目和兔形目的科数（4.76%）、属数（2.63%）和种数（2.44%）最少。

其中，属于国家一级保护动物有云豹、豹、黑麂、穿山甲、大灵猫、小灵猫、金猫；属于国家二级保护动物的有豺、水獭、黄喉貂、猕猴、黑熊、水鹿、鬣羚等9种。分布的42种兽类中，有16种列入了CITES附录名录，其中列入附录Ⅰ的有7种，如黑熊、金猫、黑麂等；列入附录Ⅱ的有4种，如豺、豹猫、猕猴等；列入附录Ⅲ的有6种，如黄鼬、大灵猫、小灵猫、食蟹獴等。另外，被江西省政府列为保护动物的有12种之多，如狐、貉、花面狸、毛冠鹿等。其中，中华秋沙鸭，属国家一级保护动物。

婺源醉美自然保护地

三、无脊椎动物遗传资源

（一）昆虫资源

保护区内昆虫种类十分丰富，类型繁多。李振基等人在2008年7月间，赴江西婺源森林鸟类国家级自然保护区进行昆虫资源调查，共收集昆虫标本3500余号，鉴定出昆虫标本19目146科994种，结合相关著作中一些昆虫种类在婺源的分布，初步整理出昆虫资源27目212科1329种。其中，鳞翅目科数占总科数的21.70%，鞘翅目和膜翅目分别占19.80%和13.68%。在种数上，鳞翅目最多，有468种，占35.21%；其次为鞘翅目319种，占24%；再次为双翅目139种，占10.46%。在区系组成上，东洋界占48.89%；其次为古北、东洋界共有种，占23.84%；再次为古北界，占7.14%。

按科数从多到少排列依次为鳞翅目、鞘翅目、膜翅目、双翅目、同翅目、半翅目、直翅目、毛翅目、脉翅目、蜻蜓目、弹尾目、蜉蝣目、革翅目、食毛目、原尾目、蜚蠊目、虫脩目、螳螂目、等翅目、缨翅目、啮目、捻翅目、缨尾目、长翅目、广翅目、蚤目、虱目。其中，鳞翅目科数占总科数的21.7%，鞘翅目和膜翅目分别占19.8%和13.68%。以种数比较，则鳞翅目最多，为468种，占35.21%；其次为鞘翅目319种，占24%；再次为双翅目139种，占10.46%；其他各目均有不同程度的分布比例。在区系组成上，东洋界占48.89%；其次为古北、东洋界共有种，占23.84%；再次为古北界，占7.14%。

目前，婺源森林鸟类国家级自然保护区国家重点保护野生动物名录中4种国家二级保护动物为昆虫，分别为金裳凤蝶、阳彩臂金龟、拉步甲和硕步甲。

（二）贝类

陆生贝类是生活在陆地上的一类软体动物，它们一般喜欢生活在阴暗潮湿、疏松多腐殖质的环境中，如山区森林的灌木丛、草丛中，石块或落叶下，或生活在农田、住宅区附近。它们大多与人类关系极为密切，一般对人类有害。它们啃食植物，危害各种农作物、林木、花卉。有些种类在江南一带成为一种间歇性害虫、严重危害棉苗、豌豆、蚕豆、苜蓿等春茶作物；有些种类是侵袭人体、家畜、野生禽、兽和鱼类等双腔科吸虫、线虫、绦虫等寄生虫的中间宿主。

保护区内调查到有陆生贝类4目17科30属65种及亚种。区系分析表明：以东洋界为主，占总种数的53.8%。其优势种为长柱倍唇螺、索形钻螺和棒形钻螺，分别占总个体数的54.0%、10.1%和4.8%。多样性分析结果表明：6个采集点物种的Margalef丰富度指数取值范围为0～5.3740；Shannon-Wiener多样性指数取值范围为0～4.1607；Pielou均匀度指数取值范围为0～0.9163。在环境越复杂、种类组成越丰富、物种分布越均匀的地区，陆生贝类多样性指数就越高。巴蜗牛科的悬巴蜗牛和细条裂多毛环肋螺是模式标本种。与我国其他省级和国家级保护区比较，江西婺源森林鸟类国家级自然保护区的陆生贝类有着较高的生物多样性。

尽管保护区内的某些贝类对人类有害，但也有许多种类对人类有益，如肉体和贝壳可供食用、药用或作为家畜、家禽的饲料，以及鱼、虾、蟹等的饵料。蜗牛具有很高的食用和药用价值，其营养丰富、味道鲜美，具有高蛋白、低脂肪、低胆固醇的特点，是富含20多种氨基酸的高档营养滋补品。同时，保护区内存在的褐带环口螺，为重要经济贝类，其消化腺可用于提取蜗牛酶，以及进行细胞学、遗传学的研究。

四、重要大型真菌遗传资源

保护区气候温和、雨量充沛、霜期较短、四季分明，山峦重叠，溪涧纵横，森林覆盖率超80%，具有完整的生态环境，为大型真菌的繁衍提供了优越的条件。由初步调查可知江西省存在大型真菌32科58属105种。根据江西省真菌资源文献记载和土壤、植被垂直分布特点，保守估计大型真菌数量至少在150种以上，真菌资源比较丰富。

调查还发现，白蘑科资源最丰富，有小菇属、蜡蘑属、白蘑属等11属22种；其次为红菇科资源，有14种，其中红菇属8种，乳菇属6种，包括可食的大红菇、菱红菇、玫瑰红菇、多汁乳菇等；牛肝菌科有8种，如可食的金柄牛肝菌；鹅膏菌科7种；多孔菌科7种。

菌类可以食用，古人称之为"山珍"，是宴席上的极品，近代誉之为"清净食品"，在日本被称作"植物性食品的顶峰"。红菇科的大红菇和牛肝菌科的金柄牛肝菌不但美味可口，而且这2个科多为菌根菌，对营林起着重要作用。菌类在保健药用方面也逐渐大放异彩，不仅有我们熟悉的"菌中之冠"银耳，还有毒性可怕的鹅膏菌类，其毒素在医学方面具有重要价值。

因此，大型真菌具有重要的食用、药用价值，也是自然界物质大循环中重要的一环，保护真菌资源，也就保护了真菌的基因库，对保护生物的多样性具有重要意义。

五、保护区生物遗传资源现状及面临的问题

保护区内生物遗传资源丰富，生物多样性高、珍稀濒危物种多，具有经济价值的物种也很多。

野生动植物是国家宝贵的自然资源，是全人类的共同财富。保护野生动植物资源，保护生物遗传基因库，对于维护自然生态系统平衡，保护生物多样性等有重要的意义。保护区内植被保护较好，有多种珍稀濒危保护和经济动物分布，生物多样性保护价值很高。

保护区内有丰富的材用植物、药用植物、野生淀粉植物、色素植物、蜜源植物、纤维植物、鞣料植物、芳香植物、树脂和胶用植物、油脂植物、观赏植物、野生果树等。由李振基等人于2013年的调查研究可知，保护区内保存了南方红豆杉、鹅掌楸、香果树、闽楠、玉兰、黄檀、锥栗、小叶栎等大树，可供筛选、驯化与推广，为现代生物工程种质资源的应用保存了多样化基因。

然而，随着人类经济活动的增强，人类活动对生态环境的影响变大，植被被破坏，适合野生动物生存、繁衍的栖息地也越来越少，野

生动物尤其是大型兽类数量明显下降。由龙迪宗的多项研究可知，由于长期以来人类将鹿类、黄鼬、貉、大灵猫、小灵猫、华南兔等作为毛皮兽资源，猫科、熊科、猴科等作为药用动物资源，保护区的动物资源在20世纪遭到了毁灭性的破坏，如大灵猫、穿山甲、鹿类等动物的数量大大减少。

此外，森林的片段化日益严重，鸟类的栖息生境恶化逐渐加剧，整个保护区的连通性大大降低；旅游业的发达虽然给保护区带来大量收益，但也给原本脆弱的生态环境带来很大的负面影响，鸟类的生存空间受到进一步的挤压。值得注意的是，陆生软体动物对环境的变化特别敏感，环境的改变给陆生软体动物带来的影响比植物和其他动物更大。随着婺源旅游业的兴起，毁林开荒、修路、建屋等问题又有进一步加剧的趋势。

为保护好生物遗传资源，笔者特提出以下建议：

① 进一步建立健全保护野生动植物资源的相关法律法规，加大立法力度及执法力度；

② 加强在保护区周边社区居民中开展生物多样性保护宣传教育工作，将野生动植物保护的重大意义和法律法规及相关知识及时、广泛、深入地加以宣传，通过科普宣传及法治教育相结合，全面提高保护区内居民的野生动物保护意识；

③ 加大资金投入，对保护区内生物多样性情况进行及时检测，积极开展科学研究；

④ 积极开展相关的国内外学术交流活动，引进国内外先进的自然保护区管理经验。

（本节由乐翔兆执笔）

婺源醉美自然保护地

蓝冠噪鹛/
慕茗鹏 摄

第五节 如何让观鸟旅游"飞"向全球

"晴空一鹤排云上，便引诗情到碧霄。"2023年10月，婺源观鸟旅游引发一股全球"观鸟热潮"。第十届中法环境月系列活动暨蓝冠噪鹛科研交流会在婺源召开，不用说婺源受邀赴京参加爱鸟国际自然影像盛典，也不用说新华社在婺源实地探访蓝冠噪鹛栖息地的直播视频在海外社交平台油管、脸书、推特等同步播放，单就婺源举办全国观鸟赛取得的丰硕成果，就足以吸引世人赞赏的目光，再次引发研学的热潮。

一

2023年10月25日至26日，来自我国各地的30余支观鸟赛队伍，在婺源经过36个小时的紧张角逐，有效记录到了野生鸟类192种，其中包括蓝冠噪鹛、中华秋沙鸭、白颈长尾雉、东方白鹳、朱鹮、黄胸鹎等国家一级保护鸟类6种，白腿小隼等国家二级保护鸟类32种，还有厚嘴苇莺等新记录鸟类5种。

人们都说，蓝冠噪鹛是一种神奇的鸟儿。1919年，它们在婺源首次被发现，但随后便销声匿迹。直至2000年，这群"消失的精灵"再次现身婺源，引起世界轰动。2001年，世界自然基金会（WWF）把婺源黄喉噪鹛（原名）自然保护小区建设列入"中国珍稀物种保护小型基金"项目。此后，这个一度被鸟类学家认为已经灭绝的鸟种，不断"飞"向了国际协作保护之路。

多年来，蓝冠噪鹛每年4月如期现身婺源，在完成产卵、孵化、育雏等繁衍过程后，8月初它们便带着当年的幼鸟消失在茫茫远山之中。其他时间，它们究竟去了哪里，一直是个未解之谜。这一次，在秋季的婺源，"鸟友"发现了它们美丽的身姿，怎能不让人感慨万千、欣喜异常……

除了发现蓝冠噪鹛，婺源还发现了厚嘴苇莺等新记录鸟类5种。不经意间，婺源为"鸟友"送来了生态惊喜！

按理说，过境鸟类有着明显的季节特点，秋季并非婺源观鸟热门季节。但此次，全国观鸟赛以较短的比赛时长和丰富的观鸟种数，刷新了观鸟成果，展现出婺源是江西省乃至全国鸟类多样性最丰富的地区之一，被誉为珍稀鸟类"栖居天堂"。2023年3月，国家一级保护鸟类、IUCN极度濒危物种朱鹮安家定居婺源。如此看来，婺源观鸟旅游"飞"向全球，也就不足为奇了！

二

根据鸟类专家多年的跟踪调查，蓝冠噪鹛虽然在婺源秋口镇石门、鹤溪，太白镇曹门、湖田等地均有集群现身。除了能在秋季发现它们的身影，蓝冠噪鹛还有诸多谜团有待解开。

秋口镇石门村是饶河源国家湿地公园中心区，也是世界极度濒危鸟类蓝冠噪鹛自然保护小区，这里植被多样、生态良好。为了保护好

婺源醉美自然保护地

饶河源国家重要湿地，婺源成立专门管理机构，编制《湿地保护与恢复项目实施五年规划》，打造蓝冠噪鹛科普馆、湿地公园研学基地、樱花休闲步道等一批生态景观，倾心呵护"地球之肾"，为蓝冠噪鹛提供栖息"安乐窝"。如今，在饶河源国家湿地公园，经初步统计，有湿地维管束植物58科169属217种；野生脊椎动物410种，隶属于34目100科，其种数占江西省已知脊椎动物总种数的47.8%。如此一来，这片国家重要湿地，也吸引了白颈长尾雉、中华秋沙鸭、野生鸳鸯、蓝喉蜂虎、虎斑地鸫等40多种珍禽栖息、繁衍。这里一派"百鸟和鸣、水欢鱼跃"的美丽景象，是生态景观皇冠上的明珠。

不单石门村，整个婺源都坚持以宏观思维、系统理念抓生态文明建设，处处是天人合一的美丽家园，为打造"观鸟来婺源"旅游品牌和发展观鸟经济埋好了伏笔、铺好了路径。

20世纪90年代，婺源在全国首创建立珍稀动物型、自然生态型、水源涵养型等自然保护小区191处，保护面积33830公顷，获评世界发明奖。如今，婺源实施天然阔叶林长期禁伐工程，将全县10.98万公顷山林全部纳入公益林生态补偿范围。出台《婺源县水生态环境保护管理若干规定》，开展江西省首个县级上下游生态补偿试点等，让青山常在、绿水长流，使得全县森林覆盖率超过80%，植被覆盖率超过90%。"良禽择木而栖"，婺源野生鸟类中国家一级保护野生鸟类13种、国家二级保护野生鸟类62种。

三

"两个黄鹂鸣翠柳，一行白鹭上青天""几处早莺争暖树，谁家新燕啄春泥""西塞山前白鹭飞，桃花流水鳜鱼肥""鹰隼未挚，罗网不得张于溪谷""孕育不得杀，壳卵不得采"…… 我国作为文化、历史悠久的文明古国，自古就有"爱鸟、观鸟、护鸟、咏鸟、绘鸟"的优良传统。现今，不单在国家层面上设立"爱鸟周"，而且"劝君莫打三春鸟，子在巢中望母归"的爱鸟朴素观念深入人心。

在婺源，受朱子生态伦理思想的教化与影响，当地百姓养成了尊重自然、敬畏山水的生态自觉，爱鸟、护鸟意识根深蒂固，留下了"隔坞人家叫午鸡，幽深不让武陵溪。白沙翠羽一双浴，红树画眉无数啼"（王友亮《婺源道中》）等诸多爱鸟、护鸟诗篇，促进了人与自然和谐共处。

业界认为，广义上的"观鸟"始于人类社会初期，现代意义上的"观鸟"可追溯至18世纪中叶的英国。彼时，英国乡村牧师吉尔伯特·怀特（Gilbert White）对家乡塞尔伯恩的鸟类进行观察与记录，倡导对鸟类变利用为观赏，并于1789年出版《塞尔伯恩博物志》。后来，《丛中鸟：观鸟的社会史》的作者斯蒂芬·莫斯（Stephen Moss）将吉尔伯特·怀特视为现代观鸟第一人。英国的观鸟人还把眼光投向国外，开启了国际观鸟之旅。1985年，英国剑桥学者马丁·威廉姆斯（Martin Williams）来到我国北戴河观鸟。几年后，北戴河逐渐发展为国际观鸟胜地。如今，我国观鸟人迅猛增长，观鸟经济每年蕴藏的经济效益不下100亿元。

婺源，作为观鸟旅游的"后起之秀"，却有着敢为人先的生态智慧与绿色担当。2007年，我国的权威刊物《风景名胜》杂志在评选观鸟胜地时，将婺源位列江西省第一、全国第七。相对于"中国观鸟之乡"湖北京山而言，婺源森林覆盖率、鸟类记录种数分别多出了36%和50%。如今，婺源野生鸟类种数约占全国鸟类总种数的22%，跻身全国35个生物多样性保护优先区域之一。

值得一提的是，2022年12月，随着仅存于婺源的蓝冠噪鹛"飞"入加拿大蒙特利尔《生物多样性公约》第十五次缔约方大会（COP15），"中国最美乡村"婺源再度引发全球关注。荣获四川国际电影节最高奖"金熊猫亚洲制作奖"的纪录片《稀世之鸟·蓝冠噪鹛》也成了"观鸟来婺源"的代言人。

婺源醉美自然保护地

四

近些年，为了让观鸟旅游"飞"向全球，婺源一直没有停下前进的脚步。

2019年，参加"蓝冠噪鹛科学发现百年"纪念活动，开展婺源观鸟及徽文化体验活动，举办"爱鸟爱自然·做个环保人"婺源观鸟夏令营活动。

2020年，爱鸟国际"观鸟中国行"活动走进婺源，"保护珍稀鸟类（蓝冠噪鹛）·传承生态文明"学术研讨会在婺源召开，江西省野生动植物保护协会观鸟专业委员会成立大会在婺源召开。

2021年，举行"走进中国最美乡村·探索奇妙自然世界"婺源观鸟自然探索夏令营活动，开展"中国·婺源首届观鸟节"系列活动，开展"爱鸟护鸟·万物和谐"江西省第40届"爱鸟周"主题宣传活动。

2022年，婺源蓝冠噪鹛保护中心挂牌成立，举办中华秋沙鸭主题摄影大赛。

……

2023年4月，举办江西省第42届"爱鸟周"主题宣传活动暨婺源朱鹮保护行动。

2023年10月，第十届中法环境月系列活动暨蓝冠噪鹛科研交流会的会议议程包括观看《稀世之鸟·蓝冠噪鹛》、发布《爱鸟宣言》、公布全国观鸟赛获奖队伍、发布《婺源生态观鸟手册》、发布《婺源观鸟地图》、开展中法专家科研交流……内容丰富、形式多样的婺源"爱鸟观鸟方案"赢得广泛好评，创造了中法爱鸟合作的典范。

不仅如此，为了开启观鸟旅游新征程，婺源还开发了珍禽文创品、发行了珍禽明信片、编印了《珍禽一本通》、组建了珍禽护鸟队、划定了珍禽保护区……在石门村，"呆萌"的蓝冠噪鹛标志物，成了观鸟旅游"引路石"。

如今，婺源成了我国唯一以"森林鸟类"命名的国家级自然保护区——江西婺源森林鸟类国家级自然保护区，婺源成了全国乃至世界观鸟胜地。置身婺源，但见重要观鸟点星罗棋布，"蓝冠噪鹛寻梦之旅""迁徙候鸟山水之约""明星鸟种绿野仙踪""紫阳休闲观鸟导赏"等精品观鸟线路游人如织，"五大名旦"（蓝冠噪鹛、朱鹮、中华秋沙鸭、白腿小隼、白颈长尾雉）、"五朵金花"（鸳鸯、白鹇、短尾鸦雀、蓝喉蜂虎、黑冠鹃隼）养眼、养心、养神……

　　"鸟声幽谷树，山影夕阳村。"在婺源这片青山绿水间，一幅观鸟旅游大美画卷为乡村振兴留下生动注脚，一幅人与自然和谐共生的动人场景成为乡村振兴的珍贵样本。

（本节由吕富来执笔）

第七章

婺源自然保护地生态价值

▲
灵岩洞国家森林
公园

婺
源
醉
美
自
然
保
护
地

建立自然保护地是为了守护自然生态，保育自然资源，保护生物多样性与地质地貌景观多样性，维护自然生态系统健康稳定，提高生态系统服务功能；是为了服务社会，为人民提供优质生态产品，为全社会提供科研、教育、体验、游憩等公共服务；是为了维持人与自然和谐共生并永续发展。广义的自然保护地生态价值，既指保护地内的自然资源和生态系统为人类及其他生物体直接或间接提供有形生态产品和无形生态服务的工具价值，又指保护地内的生态系统以特殊方式维持自身完整性的内在价值，具体包括：气体调节、气候调节、干扰调节、生物调节、水调节、土壤保持力、废弃物监管、营养物质调节、水、食物、原材料、种质资源、医疗资源、观赏资源、游憩、美学、科学和教育、精神和历史等。经过多年建设，婺源自然保护地发展取得了长足进步，已经呈现出明显的生态价值、经济价值、人文价值和社会价值。

第一节　生态价值

30多年来对自然保护小区的建设，助力森林覆盖率逐步突破80%，这对于以中低山、丘陵地形为主的婺源县来说具有显著的生态价值。婺源森林鸟类国家级自然保护区的森林覆盖率高达93.3%；灵岩洞森林公园的森林覆盖率高达90.7%；珍珠山森林公园的森林覆盖率达85%以上；思口理田源森林公园的森林覆盖率为75.8%。江西婺源饶河源国家湿地公园的湿地率为92.5%。森林具有丰富的物种、复杂的结构、多种多样的功能，被誉为"地球之肺"；湿地有着多功能的、富有生物多样性的生态系统，被誉为"地球之肾"。森林覆盖率或湿地率越高意味着生物多样性越丰富，生态价值越高。

婺源自然保护地已知高等植物共280科842属1956种（含变种、亚种和变型），占江西省高等植物种数的38.02%。其中，苔藓植物36科67属94种，占江西省苔藓植物种类的16.69%；蕨类植物30科64属138种，占江西省蕨类植物种类的22.09%；裸子植物8科13属16种，占江西省裸子植物种类的51.62%；被子植物186科719属1708种，占江西省被子植物种类的41.53%。

婺源自然保护地有丰富的珍稀濒危植物，属于国家一级保护野生植物的有南方红豆杉、银杏2种；属于国家二级保护野生植物有榧树、鹅掌楸、厚朴、樟、闽楠、浙江楠、连香树、野大豆、花榈木、永瓣藤、喜树、香果树等12种，并有102种属于江西省重点保护野生植物。2013—2014年，厦门大学环境与生态学院考察队在婺源考察时，还发现了安徽金粟兰、休宁小花苣苔、日本南五味子，以及尾叶崖爬藤、花叶地锦、黄鼠李、皱叶鼠李、阔叶假排草、狭序鸡矢藤等江西新记录。还有丰富的野果资源，如猕猴桃、枳椇、苦槠、地苍、五味子，以及种类繁多的水生植物，如荇菜、水鳖、欧菱、黑三棱、眼子菜等。

婺源自然保护地野生动物种类繁多，共有脊椎动物37目116科498种。其中，鱼类6目17科51种，两栖动物2目8科26种，爬行动

卧龙谷水世界/
程政 摄

物3目6科33种，鸟类18目63科332种，哺乳动物8目22科56种。列为国家重点保护的野生动物有60余种，其中国家一级保护动物有中华秋沙鸭、白颈长尾雉、云豹、黑麂等，国家二级保护动物有虎纹蛙、穿山甲、猕猴、豺、黑熊等；列为省级保护动物的野生动物有东方蝾螈、费氏肥螈、棘胸蛙等近200种。

婺源自然保护地栖息着珍稀的蓝冠噪鹛，是世界上最神秘的鸟类之一，曾经神秘消失，一度被认为已经绝迹，但在2000年又在婺源出现。2007年，蓝冠噪鹛被列入国际鸟类红皮书，是极度濒危物种。全球仅有200～300只，都栖息在婺源。

曾有学者对婺源自然保护地的生态价值进行了科学的核算。如詹淦峰等人于2017年对江西婺源饶河源国家湿地公园森林固碳释氧转化太阳能和净化环境价值进行了核算，结果显示公园森林年固碳释氧价值为0.62万元，其转化太阳能价值为214.44万元；年净化环境价值为

婺源醉美自然保护地

11.76万元[①]。2018年，江立秋和刘良源通过核算，认为江西婺源饶河源国家湿地公园森林年涵养水源和净化水质及保育土壤价值为28.49万元，年生态服务功能总价值为281.5万元[②]。

第二节　经济价值

不断挖掘自然保护地的经济价值，践行"绿水青山就是金山银山"的理念，探索全民共享机制，是实现自然保护地治理体系和治理能力现代化的必然要求。在保护的前提下，婺源在自然保护地控制区内划定适当区域开展生态旅游，扶持和规范原住居民从事环境友好型经营活动，支持和传承人地和谐的生态产业模式。

婺源县将全县10.98万公顷山林全部纳入公益林生态补偿范围，按照每年每公顷315元的标准向林权所有人发放生态补偿资金。实施低产低效林改造提升和彩色森林项目建设。发展各类林业专业合作社197家，从事林下经济作业人数近10万人。林下经济年产值11.47亿元，相当大一部分来自于自然保护地。

婺源自然保护地大力发展生态旅游。灵岩洞国家森林公园于1995年7月被列为"灵岩洞省级风景名胜区"，2008年4月获评国家AAAA级旅游景区。江西婺源饶河源国家湿地公园内的婺女洲徽艺文旅特色小镇已开门运营。近年来，婺源结合全域旅游发展实际，创新发展"观鸟旅游""观鸟研学"等，精心打造了石门、曹门、晓起等一批"观鸟村"，成为广大摄影爱好者和观鸟爱好者向往的观鸟地。婺源自然保护地探索森林步道研学旅行。婺源森林步道资源十分丰富，具有代表性的徽饶古道、茶马古道、红军步道贯穿全县域，划入第二批国

第七章
婺源自然保护地生态价值

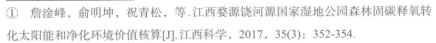

① 詹淦峰，俞明坤，祝青松，等.江西婺源饶河源国家湿地公园森林固碳释氧转化太阳能和净化环境价值核算[J].江西科学，2017，35(3)：352-354.

② 江立秋，刘良源.江西婺源饶河源国家湿地公园森林涵养水源和净化水质及保育土壤价值核算[J].江西科学，2018，36(3)：454-456.

家森林步道的天目山国家森林步道，长度为46.5千米。

第三节　人文价值

　　人文，指人类社会中的各种文化现象，人文价值即文化现象的综合价值体现，关乎人与社会、人与自然的关系，也关注人的意义、精神、素养和发展。由自然保护地的概念内涵可知，中国的自然保护地具有明显的人文价值。

　　得益于自古良好的生态环境，婺源百姓养成了尊重自然、敬畏山水的生态自觉，保留了"杀猪封山""生子植树"等村规民约和"养生禁示""封河禁渔"等自治石碑，甚至延续了"枯枝败叶，不得挪动"的生态规则。即便在今日，婺源也禁伐天然阔叶林、禁止山塘水库化肥养鱼等，坚持"人与自然和谐共生"。婺源自然保护地有助于当地居民形成良好的生态道德观。

　　婺源历史遗迹遍布乡野，有中国传统村落28个、中国历史文化名村8个、古建筑4100余幢，是徽派建筑大观园。徽剧、傩舞、徽州三雕（木雕、砖雕、石雕）以及歙砚、婺源绿茶、甲路纸伞制作技艺等被列为国家非物质文化遗产。婺源博物馆被誉为"中国县级第一馆"。婺源民居中，以砖雕、木雕和石雕为代表的装饰构件与建筑融合巧妙，建筑雕刻艺术工艺精湛、气韵生动。婺源民居雕刻始于宋代，至明清达鼎盛，在题材内容、艺术表现上有许多共同之处，因材料质地不同，在技巧手法上各有特点。徽州三雕的艺术创作源于自然，以自然为师加以效法并提炼加工，民间艺人充分利用这一指导思想创作出许多杰出的艺术作品，中国传统的"天人合一"哲学思想在古民居雕刻中得到了很好的表现和发展。

　　婺源在自然保护地控制区内划定适当区域开展生态教育、自然体验等活动。江西上饶婺源林奈实验室成立于2018年，坐落在婺源饶河源国家湿地公园内，由一群来自中国科学院的年轻硕、博士生创办，

婺源醉美自然保护地

实验室专注于草木鸟兽的生命科学探索，旨在为孩子们提供一流的科学实验师资和条件，通过带领孩子们完成野外考察、自然游戏、学术讲座、科学实验等方式，让孩子通过生物学家的视角，发掘自然之美的公民科学项目，趣味性十足，接待研学游客已逾200万人次。

第四节　社会价值

自然保护地是生态建设的核心载体、中华民族的宝贵财富、美丽中国的重要象征。建成以国家公园为主体的自然保护地体系，为维护国家生态安全和实现经济社会可持续发展筑牢基石，为建设富强民主文明和谐美丽的社会主义现代化强国奠定生态根基。

自然保护地为婺源县被列入国家重点生态功能区、国家生态文明建设示范区、全国第二批"绿水青山就是金山银山"实践创新基地、第一国家全域旅游示范区、第一批国家森林康养基地、国家乡村旅游度假试验区、中国优秀国际乡村旅游目的地、中国最美乡村等厚植了根基。

2020年，婺源县安排护林员专项资金逾900万元，加强"村站共管"协作机制建设自然保护小区，进一步引导群众"自建、自管、自受益"。

（本章由邹金浪等人执笔）

第八章

婺源自然保护地成绩概览

珍珠山省级森林
公园/胡红平 摄

　　自1992年开创性地探索建立自然保护小区以来，婺源自然保护地的空间范围不断扩大、生态系统持续向好、保护层级逐步上升，人与自然和谐共生。

第一节　空间范围不断扩大

　　1992年7月，婺源县在秋口镇渔潭村后龙山的一片天然林地成立了面积为125亩的自然保护小区。这是我国创建的第一个自然保护小区。

　　1992年9月，秋口镇率先建立了第一批自然保护小区11处，总面积18117亩。婺源县为了做好自然保护小区的工作，制定了自然保护小区县、乡、村共管的保护公约，形成了一套由林权单位申请、林业部门规划、政府审批的"调查—规划—实测—申报"的自然保护小区建立的运作程序和政府引导、群众自发的两种形式。目前，婺源已建成191个自然保护小区，已覆盖全县所有行政村。婺源自然保护小区按其保护功能划分为自然生态型、珍稀动物型、珍贵植物型、自然景观型、水源涵养型、资源保护型6类。

　　1992年，建立了婺源灵岩洞国家森林公园。灵岩洞国家森林公园地处婺源县大鄣山乡西部，北与安徽省休宁接壤，西与江西景德镇瑶里风景名胜区毗邻。婺源森林鸟类国家级自然保护区分别于1993年、2000年、2008年建立了鸳鸯湖自然保护区、文公山自然保护区、大鄣山自然保护区3个片区。江西婺源森林鸟类国家级自然保护区位于皖、浙、赣三省交界处婺源县境内的黄山、天目山、怀玉山脉与鄱阳湖盆地间过渡带的丘陵山地。2004年，创建了饶河源自然保护区。2007年，创建了婺源理田源森林公园。理田源森林公园位于婺源县思口镇长滩境内。2009年，创建了婺源珍珠山省级森林公园。2010年9月，创建了婺源饶河源国家湿地公园。婺源饶河源国家湿地公园位于江西省东北部，地处皖、浙、赣三省交界，包括星江部分流域和其分叉支流的湿地生态系统及其周边滩涂地与林地。

　　2023年3月，根据国家林业和草原局要求，婺源县自然保护地已完成整合优化工作。整合优化前婺源县自然保护地共7处，总面积为32108.4公顷（含灵岩洞国家森林公园与灵岩洞风景名胜区保护地重叠面积）。整合优化后，去除重叠保护地面积，婺源县自然保护地共6处，总面积为30023.47公顷。

第二节　生态系统持续向好

婺源醉美自然保护地

　　婺源县自然保护小区内每个村子都张贴护林公约，并发至每家每户；与所在乡村签订共管协议，由林业部门加强重点监测；对名木古树则实行挂牌保护。县里还规定，禁止在自然保护小区内开垦、挖土或采石，村民建房离自然保护小区地界的距离不得小于20米，新屋基距大树树冠投影的距离不小于5米，不准猎捕或干扰野生动物，不准乱采挖野生植物，自然保护小区及周边的田地禁用、少用农药，有效保护了自然保护小区周边的生态环境和水土植被。

同时，婺源县高标准开展封山育林工作，推广改燃节柴、改灶节柴工程，关停并转木材加工企业，加强林政管理和森林公安、林政稽查等林业执法队伍建设，确保森林资源发展和生态环境的改善。婺源的森林覆盖率稳步提升，生物多样性得到很好的保护。目前，有南方红豆杉、鹅掌楸等18种国家重点保护野生植物，金线兰、细茎石斛等125种省级保护野生植物，木本植物1100多种、草本植物2400多种。

随着生态环境持续改善，婺源野生鸟类的种类也逐渐增多。良好的生态环境吸引了蓝冠噪鹛、白颈长尾雉、野生鸳鸯、黑麂等众多珍稀鸟类和其他动物在此栖息。2023年3月，婺源观鸟爱好者在江湾辖区意外发现朱鹮后，当地立即安排专职护林员对朱鹮活动轨迹进行全天候监测，邀请专家对朱鹮觅食栖息行为进行分析研判，严格控制人员进入朱鹮栖息区域等，让朱鹮爱上婺源。经过一个多月的有效观察，这只原居钱江源国家公园的朱鹮，对江湾镇松风翠至晓容坑区域的生态环境非常满意，当起了"移民"，在松风翠的古樟树上"安营扎寨"。

第三节　保护层级逐步上升

婺源县自然保护地经过不断发展，保护层级逐步上升，现已建立了1个国家级自然保护区和1个县级保护区，1个国家级森林公园，1个国家级湿地公园，2个省级森林公园（具体见表8.1）。

1993年、2000年、2008年建立的鸳鸯湖自然保护区、文公山自然保护区、大鄣山自然保护区通过整合，于2016年5月被评为婺源森林鸟类国家级自然保护区。婺源饶河源国家湿地公园是2010年9月批复创建的省级湿地公园，2013年12月又由国家林业局批复创建国家湿地公园，2016年8月获批"国家湿地公园"，2020年4月被列入《国家重要湿地名录》。

表8.1　婺源县自然保护地汇总

序号	名　称	级别	始创时间（年）	类　　型	评定时间（年）	管理机构名称
1	江西婺源森林鸟类国家级自然保护区	国家级	1993	野生动物类型	2016	江西婺源森林鸟类国家级自然保护区管理中心
2	江西灵岩洞国家森林公园	国家级	1993	森林生态系统类型	1993	灵岩洞国家森林公园管理局
3	灵岩洞省级风景名胜区	省级	1995		1995	婺源县灵岩洞风景名胜区管理委员会
4	江西婺源饶河源国家湿地公园	国家级	2010	湿地生态类型	2016	江西婺源饶河源国家湿地公园管理办公室

序号	名　称	级别	始创时间（年）	类　型	评定时间（年）	管理机构名称
5	江西珍珠山省级森林公园	省级	2009	森林生态系统类型	2010	婺源县珍珠山乡人民政府
6	江西理田源省级森林公园	省级	2007	森林生态系统类型	2017	婺源县思口镇人民政府
7	婺源饶河源县级自然保护区	县级	2004	森林生态系统类型	/	婺源县段莘乡、溪头乡人民政府
8	婺源县自然保护小区	县级	1992	自然生态型、珍稀动物型、珍贵植物型、自然景观型、水源涵养型、资源保护型等6类	/	婺源县人民政府

第四节　人与自然和谐共生

在婺源自然保护地实现人与自然和谐共生的路上，观鸟是其中的一个缩影。家住婺源县江湾镇晓起村的村民余志标，借助自家房屋"与鸟为邻"的独特优势，打造"观鸟客栈"，当起"鸟网"婺源联络站站长，每年接待白腿小隼摄影发烧友超过一万人。秋口镇王村村民俞智华经营的竹排每次收费60元，自家小院则改造成了拥有16张床位的观鸟民宿，年收入约8万元。2021年，婺源举办了"中国·婺源首

届观鸟节"系列活动。2022年，在婺源县赋春镇洪家村举行了"江西省野生动植物保护协会白鹇基地"挂牌仪式，努力打造"白鹇之乡"，发展观鸟旅游，促进生态富民。

近年来，婺源森林鸟类国家级自然保护区每年都开展观鸟教育进校园活动。2021年，婺源县科学技术协会、婺源森林鸟类国家级自然保护区联合开展"百年再出发，迈向高水平科技自立自强"为主题的科普日活动，活动安排在婺源县中云镇小学，参加活动的老师和学生共计150余人。2022年，江西省野生动植物保护中心、江西省野生动植物保护协会、江西婺源森林鸟类国家级自然保护区在上饶市婺源县紫阳第六小学联合开展以"保护野生动物共建绿色家园"为主题的"观鸟自然教育进校园"活动。2023年，婺源县科学技术协会、江西省野生动物保护协会、江西婺源森林鸟类国家级自然保护区走进太白镇中心小学，开展以"依法保护野生动物，促进自然和谐发展"为主题的自然教育活动。

（本章第一至四节由邹金浪等人执笔）

理田源省级森林
公园/胡红平 摄

第五节 生物多样性与保护地自然教育

一、自然教育活动机构与人员、经费保障

保护区自然教育活动场所、自然教育设施有文公山鸟类自然教育长廊、鸳鸯湖、卧龙谷、渡头观鸟区、金岗岭自然探索小径、东边源兰花谷、天目山国家森林步道婺源段等，保护区办公室、科研监测科负责自然教育和公众教育工作，现有专职自然教育及科学普及工作人员3名，兼职自然教育工作人员9名，每年用于自然教育、宣传教育的经费为30万元，制定了江西婺源森林鸟类国家级自然保护区自然教育工作管理制度等。

保障自然教育活动经费，每年争取中央财政林业国家级自然保护区能力建设项目资金自然教育专项经费不少于30万元，其中2019年48万元，2020年76.2万元，2021年55万元，2022年93万元。

保护区积极联合婺源林奈实验室、婺源"蜜知识"、婺源县摄影家协会、婺源县科学技术协会、中国青年观鸟联合会、中国鸟网、朱雀会、江西农业大学野鸟协会、江西师范大学爱鸟协会、景德镇陶瓷大学环境保护协会、景德镇学院阳光生物学社、江西省野生动植物保护协会观鸟专业委员会等，并招募兼职自然教育工作人员。

积极争取国内外致力于自然生态保护的公益基金会的支持，如阿拉善SEE生态协会、桃花源生态保护基金会等，开展自然嘉年华、中国自然好书奖等系列活动。加拿大不列颠哥伦比亚大学（UBC）辛迪·普雷斯科特（Cindy Prescott）教授、澳大利亚科学院院士汉斯·兰伯斯（Hans Lambers）来保护区进行自然教育活动，英国伦敦大学皇家霍洛威学院罗莎·格利夫博士来此讲授鸟类自然教育课。

同步加强自然教育队伍培训。近几年来，保护区先后派出自然教育宣教人员参加中国野生动物保护协会第20期"自然体验培训师"培训班、中国野生植物保护协会第3期"野生植物保护技能"培训班、江西省林学会"自然教育师"培训班、中国野生动物保护协会第22期自然体验培训班等，以提高自然教育人员自身水平。共有3人获得自然教育导师、自然体验培训师资格。

制定印发了《江西婺源森林鸟类国家级自然教育安全应急预案》《江西婺源森林鸟类国家级自然保护区森林火灾应急预案》，进一步提高保护区自然教育安全处置应急能力，有效预防、控制自然教育安全事故，完善自然教育安全措施体系。进一步提高保护区森林防火处置应急能力，有效预防、控制和扑救森林火灾。

二、自然教育课程设计与作品创作、文创产品开发

创作自然教育作品总数（含未公开作品）115件（项），其中自然教育文章57篇，读物读本4本，视频作品21项，音频作品5项，课程9项，自然教育展陈19次。

公开发表自然教育文章33篇；公开出版图书4本，发行量12000册；在广播电视台播出6项，播出总时长210分钟；在公众场所开展展

览19次，前来参观人数3000人次。在自创作品中，获评区市级以上奖励6项，其中图书1项、视频3项、其他2项。

探索开发自然教育文创产品。2020年3月16日，在第二届婺源油菜花旅游文化节开幕式上，蓝冠噪鹛、白腿小隼、中华秋沙鸭等卡通形象被选为婺源旅游吉祥物。

和婺源民宿协会合作，进行以鸟宿为主题的自然教育体验，开展蓝冠噪鹛剪纸、鸟类版画文创；和林奈实验室合作，开发婺源珍稀野鸟冰箱贴、鼠标垫；和婺源县文化旅游集团合作，开发白腿小隼旅行箱、中华秋沙鸭抱枕、鸳鸯玩偶、珍稀鸟类手机壳、珍稀鸟类T恤、矿泉水、钥匙环等相关自然教育周边产品。

三、自然教育基地与场馆建设

户外自然教育活动场地617亩。结合保护区交通、生物多样性与森林鸟类重点分布区域，重点建设文公山鸟类自然教育长廊、鸳鸯湖鸟类自然教育基地、渡头观鸟区、金岗岭自然探索小径、天目山国家森林步道婺源段、兰科植物自然教育基地、霍山石斛野外回归基地等自然教育基地。

自然教育活动室内场馆面积2320平方米，包括婺源中亚热带森林生物多样性馆、石门鸟巢博物馆、蓝冠噪鹛馆、鸳鸯湖鸟类科普馆等，

蓝冠噪鹛科普馆/
杨海明　摄

重点打造保护区飞羽世界自然探索馆，为开展自然教育活动提供保障。自然教育设施设备齐全，总价值200余万元。购置直播设备20余万元，打造高标准的自然观鸟直播室，每月定期开展生态云观鸟直播活动1～2次。年均对外开放天数200天，参观人数超过5000人次。

四、经常性宣传教育活动

举行爱鸟周、野生动物保护月、国际生物多样性日等宣传27次，在社区小学开展"大手拉小手"保护宣教活动12次，印制宣传单2万份，生态练习本2500本，宣传画5000份，宣传横幅标语20条。以2019年为例，4月7日在蓝冠噪鹛栖息地石门村举行婺源县第38届"爱鸟周"活动；4月29日，到秋口镇石门村，为王村小学的护鸟队队员开展以"鸟儿的奇妙世界"为题的自然教育讲座活动；5月22日是"国际生物多样性日"，在太白镇曹门小学开展丰富多彩的主题宣传活动，成立曹门蓝冠噪鹛志愿护鸟队并举行授旗仪式。在博士进课堂活动中，4位专家通过视频、图片等方式给队员们上了一堂有关蓝冠噪鹛和生物多样性的自然教育课。

2020年10—12月，保护区集中开展宣传教育活动，其中"中亚热带森林的100种生命脉动"自然教育活动5次，引领公众发现、了解、参与、保护身边的生物多样性资源。每场活动包含自然教育讲座、野外考察、实验探究、标本采集与制作展示等环节；活动现场每场直接参与人数不少于50人，通过各种宣传媒介影响的自然教育受众每场不少于200人。开展长源村自然教育学校"自然讲堂"3次，向社会公众讲授、展示身边的生物生态学知识、理念。"自然讲堂"的主要自然教育形式为自然教育讲座及演示性操作展示，活动立足于婺源本地，特别是长源村自然学校周边的生态学现象及生物学知识，活动直奔主旨；活动现场直接参与人数不少于30人/场，通过各种宣传媒介影响的自然教育受众每场不少于100人。文公山鸟类自然教育长廊观鸟研学2次，通过观鸟研学课程，引导公众了解鸟类知识，促进人类与鸟类的和谐共生，并为鸟类保护行动打下坚实的科学基础。活动主要形式为：

引导公众参与包含有讲座、野外观察、科学记录和分析鸟类物种多样性及活动规律的研学课程，课程与观鸟主题紧密相扣；活动现场每场直接参与人数不少于50人（分小组进行），通过各种宣传媒介影响的自然教育受众每场不少于300人。金岗岭自然探索小径自然教育宣教2次，引导社会公众走进森林，引导公众在实际环境中观察自然，传授博物学及生态学知识，从而增强公众对自然的了解认知和内心重视。活动形式为组织自然博物观察活动，有合理周全的规划方案、专业的自然科学导师带队讲授、课程反馈及后续的多渠道延展宣教；活动现场直接参与人数每场不少于50人（分小组进行），通过各种宣传媒介影响的自然教育受众每场不少于300人。

五、特色自然教育活动

1. "飞羽学校"自然教育活动

江西婺源森林鸟类国家级自然保护区以蓝冠噪鹛、白腿小隼、中华秋沙鸭、鸳鸯、白颈长尾雉等中亚热带森林鸟类及其生境为主要保护对象。保护区是中亚热带森林珍稀鸟类的重要栖息及越冬地。保护区以丰富的生物多样性和众多的珍稀鸟类资源为依托，开展以"飞羽学校"为主题的自然教育活动。

为保护区内及周边合作的小学授牌。2018年以来，长源小学、赋春镇中心小学、大鄣山希望小学、罗田坞小学、沱川学校、梅林中心学校、程家湾小学等7所保护区中小学已挂牌成为保护区首批"飞羽学校"。

在中小学广泛开展鸟类摄影作品巡回展，先后举办鸟类生态摄影展、蓝冠噪鹛专题摄影赛及摄影展、婺源野鸟摄影展等4次，在19所中小学巡回展出。

设计具有保护区特色的鸟类主题室内自然教育课程，包括鸟类基础知识、保护区森林鸟类资源情况、珍稀鸟类介绍和鸟类保护等。开展以"飞羽世界""婺源珍稀鸟类资源""可爱的熊猫鸟"等为主题的自然教育活动，累计进行自然教育授课80余场次。

设计户外自然教育课程，建立集传播知识、休闲体验为一体的自然教育活动：利用望远镜等进行鸟类观察；用显微镜发现未知世界；帮助观众体味自然界的鸟语花香；通过生态足迹互动装置测算鸟类消耗的能源数据；通过VR体验装置，观看蓝冠噪鹛飞翔的美丽场景，引导观众发现自然之美、生态之美。在保证科学性与知识性的同时，兼具趣味性和参与性。

2."中亚热带森林的100种生命脉动"自然教育活动

保护区与林奈实验室合作，提出了一个公益的在地公民科学项目——"中亚热带森林的100种生命脉动"，目标在于引领婆源在地民众发现、理解、参与、保护家乡的生物多样性及生态资源。活动共举办生物多样性公开演讲22场，累计听众2900人；邀请牛津大学埃米·亨斯利（Amy Hinsley）博士、明斯特大学冯彦磊博士、清华大学罗德胤教授、中国科学院辰山植物园黄卫昌研究员等专家、学者开展公益演讲或自然教育沙龙活动9场，累计参与民众800人。组织了22场公众参与的科考调查活动，累计参与人数300人。设计科学实验10套，举办活动12场，参与人数1220人。通过微博、微信平台发布与婆源生物多样性相关的自然教育作品19篇，累计浏览量70万。

自"中亚热带森林的100种生命脉动"开展5年多来，引起了国内自然教育、科学教育、自然教育行业从业者的大量关注。

3. 大学生"绿色营"活动

2017年11月，"绿色营"自然教育基地在保护区文公山片区挂牌成立，主要宗旨为观察自然、学习自然、分享自然，以培养绿色人才，推广自然教育，为环境保护和生态文明建设做贡献。

"绿色营"自然教育基地成立后，保护区与其展开深入合作，举办自然教育活动20余次，为来自全国的1000余名大学生进行自然教育讲座。特别是"绿色营·2019婺源寒假工作坊"活动，以"培养绿色人才，推广自然教育"为宗旨，举办自然讲解员训练营、自然导师培训营。大学生们在7天时间里到文公山、月亮湾、鸳鸯湖等地进行自然观察与自然导赏能力培养，取得了非常好的效果。

4. 蓝冠噪鹛科学发现百年活动

2019年4月3日，婺源县和南昌市动物园联合举办的"青出于蓝而胜于蓝，蓝冠噪鹛科学发现百年"纪念活动在南昌市动物园拉开帷幕。《中国绿色时报》、清华同衡规划设计研究院、江西省林科院、江西省野保局、江西省野生动物救助中心、南昌大学、江西师范大学、江西农业大学等有关领导、专家出席活动启动仪式，参加活动人数达300余人，各大媒体进行了广泛报道。

5. 社区小学寒、暑期自然教育支教活动

从2016年开始，保护区社区的长源小学、晓林小学、大鄣山希望小学等，以招募志愿者老师的形式进行小学生自然教育支教活动。志愿者团队有的来自国内北京、上海、南京等地，还有的来自英国。

长源小学暑期支教 上海企业家王贺在保护区的支持帮助下，把废弃多年的文公山片区长源小学翻修重建，开办了长源小学自然教育学校。第一次开通了电化教学，组织了女足和男篮队，历时2个暑期班完成了千字文教学。老师们来自全国乃至全球各地，包括北京、上海、天津、青岛、常州，以及美国、澳大利亚、意大利等地。

大鄣山希望小学暑期支教 上海大学计算机工程与科学学院从2019年开始，持续在大鄣山片区的大鄣山希望小学开展绿色科技型支教及红色实践，支教设置的课程类别包括4种：电脑科技类、艺术美术类、文化教育类以及安全教育类。

▲
婺源森林鸟类保护区/程政 摄

婺源醉美自然保护地

6. 大学生暑期社会实践活动

2019年7月22日至25日，江西省教学名师、江西农业大学首席教授郭晓敏，带领江西农业大学暑期"三下乡"社会实践营队——美丽中国婺源科技兴林本硕博社会实践营一行13人，到保护区开展暑期社会实践活动，给社区居民、中小学科学普及林业科技知识。

2020年7月26日至28日，江西农业大学林学院党委书记周水平与林学院研究生第二党支部书记张微微带领支部5位党员和积极分子代表到保护区开展暑期主题社会实践活动。就保护区社区共管、自然教育开展、研学旅行发展以及社区共建等多方面开展研讨。他们结合专业特色和专业知识，到中云镇晓林村江村小学开展了自然教育活动，为当地小学生带来趣味横生的动植物自然教育课程，让山区孩子更好地了解自然知识，发挥了林学学科在生态文明和林草现代化建设中的人才优势，融入自然教育，助力生态文明建设，为保护区教育事业贡献了一份力量。

2021年6月，北京师范大学社会发展与公共政策学院以"保护不保'富'：野生动物就地保护的生态治理困境"为主题，到保护区开展暑期社会实践活动。12月，在由共青团中央主办的2021年"三下乡"社会实践优秀调研报告评比活动中，《保护和保"富"：野生动物就地保护的生态治理困境——以江西省婺源森林鸟类国家级自然保护区为例》社会实践调研报告获评"优秀调研报告"。

2022年7月5日至7日，江西农业大学林学院研究生第二党支部以

"江西野猪损害情况和伤害补偿满意度调查"为主题，开展了"三下乡"社会实践活动。

7. 观鸟研学活动

保护区和江西省观鸟会、江西省野生动植物保护协会观鸟专业委员会、江西农业大学野鸟协会等合作，开展青少年观鸟研学，带领小朋友实际操作望远镜进行观鸟，通过观察、模仿常见森林鸟类，认识常见森林鸟，了解鸟类的食性和栖息地保护的意义等。共举办观鸟研学活动19次，参与活动的中小学生有1400余人次。

保护区积极参与观鸟旅游的实践与研究，筹办了江西省野保协会观鸟专业委员会成立大会，申报了2019年婺源县社会科学规划课题，形成了《婺源观鸟旅游品牌深度开发研究》。并推动观鸟与研学的结合，积极在长源村、晓林村、文公山等地开展观鸟研学活动。

8. 出版自然教育读物，编写自然教育课件

出版了《婺源野鸟》《婺源古道》《江西婺源森林鸟类国家级自然保护区百鸟图集》等自然教育读物。准备了《鸟儿的奇妙世界》《鸳鸯湖里说鸳鸯》《蓝冠噪鹛钟情婺源》《婺源珍稀鸟类资源》《寻文公足迹，享林鸟之乐》等课件，多角度展示大自然的美，提高了公众保护自然生态的积极性。

保护区还积极组织撰写及发表自然教育文章，《蓝冠噪鹛：钟情婺源》发表在《森林与人类杂志》2019年第10期，《观鸟旅游助力婺源乡村振兴》发表在《中国鸟类观察》2021年第5期，并有多篇征文在"保护珍稀鸟类（蓝冠噪鹛）·传承生态文明""保护珍稀鸟类（千年鸟道）·传承生态文明"等学术研讨会中获奖。《自然保护小区建设基本知识》一书获得中国科协自然教育项目的专项资助。

9. 积极参加省鸟评选与宣传

在2019年的江西省鸟评选中，保护区推荐的候选鸟种蓝冠噪鹛仅次于白鹤，排名第二。

开展"省鸟"白鹤宣传活动，邀请江西省野保协会自然教育与志愿者委员会主任委员余会功到鸳鸯湖自然教育学校讲课，通过悬挂横

幅、摆放鸟类标本、播放白鹤宣传片、讲解课件等形式，向中学生们普及鸟类，特别是白鹤的相关知识，告诫学生爱鸟、护鸟，保护人类和鸟的共同家园。

10. 蓝冠噪鹛生态社区研究

2017年，以清华同衡规划设计研究院为主体的蓝冠噪鹛生态社区课题组成立，经过持续5年的乡村生态社区跨界研究，在保护区的积极参与和推动下，和基层社区原住民建立互信关系，与印心自然教育科学中心、自然之友野鸟会、林奈实验室、口袋精灵等公益保护与自然教育机构合作，广泛召集公众志愿者，初步建立了以蓝冠噪鹛、白腿小隼、中华秋沙鸭生态社区为主体的公众参与生态社区公益营造计划的技术路径。

蓝冠噪鹛生态社区基于乡村社区生物多样性保护的基础研究成果，以国土空间规划的视野，通过清华同衡责任规划师的乡村社区实践，将全域旅游、乡村振兴、生态保护、智慧社区、创意设计形成五位一体的保护性研究规划的技术路径，寻找政府、企业、原住民之间的共赢发展策略。

11. "两山论"理念下自然保护区"区乡联动"生态友好型森林康养模式研究

保护区与江西农业大学林学院、城乡规划设计研究所合作，从2019年开始进行森林康养模式研究，申报了2020年婺源县社会科学规划课题、2021年度上饶市经济社会发展和哲学社会科学课题，形成了《婺源森林鸟类国家级自然保护区森林康养规划》，并参加第二届全国林业草原创新创业大赛，入围南京林业大学分赛点半决赛。

12. 江西省第40届"爱鸟周"宣传活动启动仪式

2021年4月1日，以"爱鸟护鸟 万物和谐"为主题的江西省第40届"爱鸟周"宣传活动启动仪式在婺源县武营广场举行。国家林业和草原局福州专员办（濒管办）副专员吴满元，江西省林业局党组书记、局长邱水文，江西省生态环境厅一级巡视员石晶，江西省林业局党组成员、副局长刘宾，上饶市委副书记、市长陈云，上饶市委常委、副市长俞健，婺源县委书记吴曙，婺源县委副书记、县长周华兵，婺源

县委常委、政法委书记汪学群，婺源国家乡村旅游度假实验区管委会副主任单文彬等出席启动仪式。

本届"爱鸟周"宣传活动由江西婺源森林鸟类国家级自然保护区管理中心具体承办，来自各设区市林业局、生态环境局、各国家级自然保护区、各县（市、区）及相关单位负责人和各界嘉宾共300余人参加了活动。

13. 2021年江西婺源首届观鸟节系列活动

2021年5月30日，中国·婺源首届观鸟节系列活动开幕式启动。世界自然基金会北京代表处副总干事周非，国家林业和草原局野生动植物保护司副司长万自明，中国野生动物保护协会副会长李青文，江西省林业局副局长刘宾出席开幕式，上饶市人民政府副市长刘斌，婺源县委书记吴曙分别致辞。

中国·婺源首届观鸟节系列活动由江西省林业局指导，由江西省野生动植物保护协会、中共婺源县委宣传部、婺源县林业局主办，江西婺源森林鸟类国家级自然保护区管理中心承办。

江西省林业局有关处室、江西省各国家级自然保护区、各设区市林业局、江西农业大学、景德镇学院、江西省内各大媒体等300余人参加了江西婺源首届观鸟节系列活动。

第八章
婺源自然保护地成绩概览

14. 自然保护小区建设管理经验获宣传推广

婺源县提出建立乡、村级自然保护小区的新机制，全县共建立自然保护小区191处。其中，用于保护蓝冠噪鹛繁殖地的保护小区3个，中华秋沙鸭、白腿小隼、鸳鸯、白颈长尾雉自然保护小区各1个，白鹇自然保护小区2个，赋春镇洪家村被评为"白鹇之乡"。自然保护小区的做法在婺源的成功实践获得世界发明者协会国际联合会颁发的世界发明奖；自然保护小区"婺源模式"在全国推广，截至2000年底，全国共建立自然保护小区5万多个，总面积135万公顷。

2022年1月21日，《人民日报》以《自然保护小区守护大自然》为题，对婺源自然保护小区建设进行了整版报道。

15. 自然教育生态作品创作与融媒体多元发展

聘任中国作家协会会员傅菲等4人为生态作家，在《人民日报》《光明日报》等发表鸟类自然教育作品30余篇。

加强自然教育融媒体多元发展，充分利用抖音直播、微信公众号等开展科普宣传，婺源县发改委每月开展1~2次生态观鸟云直播，通过观鸟自然教育助力生态产品价值的实现。线上线下同步举行自然教育沙龙与科普报告。

六、主要经验做法

1. 突出一个品牌

结合自然保护工作和鸟类资源优质，积极推进"蓝冠噪鹛"品牌建设，努力把"蓝冠噪鹛"建设成为保护区自然教育的特色品牌。

2. 建好两支队伍

按照"开放、自愿、合作、共享、服务"的理念，着力培育自然教育事业共同体，凝聚自然教育机构、志愿者两支团队力量。

3. 做好"三山行动"

结合护林巡逻、科研监测、样线巡护等工作，积极开展巡山、护山、爱山"三山行动"，创新探索课堂教育形式，努力实现自然保护工作宣传的最大化。

4. 完善四个配套

积极推进教材开发。联合相关部门编写《自然保护小区建设基本知识》，出版《婺源野鸟》《婺源古道》等书籍。

积极优化课程设置。通过《鸟儿的奇妙世界》《鸳鸯湖里说鸳鸯》《蓝冠噪鹛钟情婺源》《婺源珍稀鸟类资源》《寻文公足迹 享林鸟之乐》等课程，多角度展示大自然的美，提高大家保护鸟类的积极性。

积极做好文创研发。2020年3月16日，在第二届婺源油菜花旅游文化节开幕式上，蓝冠噪鹛、白腿小隼、中华秋沙鸭等卡通形象被选为婺源旅游吉祥物。

积极做好自然教育基地建设。结合保护区交通、生物多样性与森林鸟类重点分布区域，重点建设东边源兰花谷、金岗岭自然探索小径、文公山鸟类自然教育长廊、长源村自然教育学校等基地。

5. 开展五大活动

积极开展进校区活动。结合自然教育基地建设，积极参与学生素质提升、校园文化共建等工作，实现自然课堂综合性文化推广。

积极开展进景区活动。充分利用婺源"中国最美乡村"魅力，在卧龙谷、文公山、鸳鸯湖等景区，通过研学旅行、摄影展等方式，展示保护区良好的生态本底，让大家认识自然、保护自然。

积极开展进社区活动。在保护区的27个居民点主动协调开展相关社区活动，不断提高社区居民的保护自然意识，并主动参与保护工作。

积极开展进山区活动。组织广大学生及其他成员到保护区认识动植物，参与科研监测、社区工作等，实现自然教育山里山外融合开展、创新推进。

积极开展进街区活动。把尊崇自然、爱护自然、保护自然的思想传播给广大民众，特别是青少年一代，使人与自然生态和谐共生的科学自然观深入人心。

七、获得自然教育奖励

2016年8月，保护区工作人员杨军获评第三届江西林业科普人物奖。

2019年12月，保护区被江西省科协授牌江西省科普教育基地。

2019年7月，"中亚热带森林的100种生命脉动"荣获第四届江西林业科普奖（科普活动类）。

2020年12月，《婺源野鸟新编》荣获第五届江西林业科普作品奖。

2022年12月，婺源森林鸟类国家级自然保护区被江西省林学会授予第二批"江西省自然教育学校（基地）"称号。

2022年12月，《江西婺源森林鸟类国家级自然保护区百鸟图集》获得2022年江西省林业科普二等奖（作品类）。

2022年12月，保护区"飞羽学校"自然教育活动获得2022年江西省林业科普奖（科普活动类）。

2023年6月，保护区被江西省林业局、江西省科技厅、江西省科协联合命名为江西省首批林业科普基地。

2023年7月9日，保护区被中国林学会授牌全国自然教育基地。

2023年8月16日，保护区及大鄣山林场获评中国农村专业技术协会国家级"科技小院"。

（本节由杨军执笔）

附 自然保护地生态保护与发展案例

2023年10月11日，习近平总书记在江西考察时，来到上饶市婺源县秋口镇王村石门自然村。这里是饶河源国家湿地公园的中心区，也是极度濒危鸟类蓝冠噪鹛自然保护小区。习近平详细了解了湿地公园和蓝冠噪鹛保护等情况，蓝冠噪鹛也因此受到大众广泛关注。蓝冠噪鹛，属雀形目画眉科，体型不大却有着不俗的外表。其顶冠蓝灰色，具黑色的"眼罩"和鲜黄色的喉，上体褐色，尾端黑色，外侧尾羽具白色边缘，腹部及尾下覆羽由皮黄色而渐变成白色，俨然是个天然"调色板"，被孩子们形象地称为"蓝帽黄领灰斗篷"。

蓝冠噪鹛的学名最早由法国鸟类学者曼尼格命名，国内对该物种并不了解，因此一直没有中文名字。该物种被发现之后，有许多学者探讨了它的分类地位，或将之列为黄喉噪鹛名下作为婺源亚种，或支持其作为一个独立物种。2006年，英国鸟类学家N. J. 科勒（N. J. Collar）从形态学角度提出应将蓝冠噪鹛独立为一个物种，并给出了英文名Blue-crowned Laughingthrush。国内学者何芬奇首先采纳了这一观点，并将其中文名由黄喉噪鹛改为"靛冠噪鹛"。2017年，郑光美院士在《中国鸟类分类与分布名录》中将该物种由黄喉噪鹛的婺源亚种改为独立物种，并根据其英文名将其定名为"蓝冠噪鹛"。然而，蓝冠噪鹛作为新种的分类地位一直缺乏形态学以外的证据，特别是遗传学证据。直至最近，江西农业大学团队的研究表明蓝冠噪鹛与黄喉噪鹛在形态学、生态学、声学和遗传学上均有显著的差异，为蓝冠噪鹛作为一个有效的独立物种提供了更为充分的证据。

蓝冠噪鹛属于森林鸟类，从留居类型来分，属于留鸟，它的生命周期会在一个区域长期生活，短途垂直迁徙。其活动于常绿阔叶林和浓密灌丛，喜食昆虫，也吃蚯蚓、树木果实等。它们是集群繁殖的森林鸟类，每年4月—7月是蓝冠噪鹛的繁殖期，它们会成群飞到乡村水口林繁育后代，共同选择巢区集中营巢，将碗状鸟巢筑在樟树、枫香、苦槠等大树偏离主干的枝梢间，当起"隐士"。

蓝冠噪鹛觅食/
宗玉珍　摄

在众多鸟类中，蓝冠噪鹛可能是最爱干净的鸟类之一。它们酷爱洗澡，每天都会成群地聚在饶河边植被隐蔽的地方洗澡。它们会蘸一下清水，扇动翅膀，对自己漂亮的羽毛进行梳理清洗。它们对森林、空气、水质等有着极高的要求，是生态环境指示物种。

蓝冠噪鹛的发现史最早可追溯到1919年。其标本在婺源被采集到，之后这种鸟沉寂了近百年。直到1993年，国外鸟类保护协会在一批从我国进口的画眉鸟中，发现混有一只蓝冠噪鹛。

失而复得的蓝冠噪鹛，引起了我国有关部门的高度重视。

根据资料推测，那只蓝冠噪鹛有可能来自江西婺源，于是国家林业局开始组织专家在婺源寻找该鸟。直到2000年，婺源本土鸟类专家郑磐基先生在婺源重新发现了蓝冠噪鹛，这种羽色亮丽、叫声婉转的雀形目鸟类才再次出现在世人面前，并逐渐为人所知。

婺源醉美自然保护地

蓝冠噪鹛在水
边嬉闹

除了婺源之外，蓝冠噪鹛曾在云南省思茅地区还有一个亚种。1956年，我国鸟类学家郑作新在云南思茅石头山采集到了几只蓝冠噪鹛标本。但此后，云南地区鲜有该物种的发现记录。自2000年以后，鸟类学者以及观鸟爱好者在云南、广西广袤的山林和村落间寻找思茅族群的踪迹，至今仍未有发现。2017年出版的《云南省生物物种红色名录》正式宣布蓝冠噪鹛在云南省灭绝。至此，目前蓝冠噪鹛在我国仅剩婺源种群。

就这样，蓝冠噪鹛成了江西特有的珍贵鸟类。这也意味着蓝冠噪鹛一旦在江西绝灭，便是全世界不可挽回的损失。

蓝冠噪鹛在婺源被重新发现，让人们不禁产生疑问：百年间蓝冠噪鹛为何只在婺源被发现？婺源提供了怎样的独特生活环境？

蓝冠噪鹛的野生种群要延续，繁殖是关键，繁殖季节是一年当中最易被天敌侵害而灭绝的时段。选择筑巢地，也是在选决定生死的避难所。

天刚亮，婺源森林鸟类国家级自然保护区的工作人员按照惯例在森林里进行巡查，几声清脆的鸟鸣打破了清晨的宁静。工作人员抬头望去，便能看见蓝冠噪鹛在树梢上偷偷打量着他们。通过调查，研究人员发现蓝冠噪鹛的筑巢地只分布在海拔偏低、地势平缓开阔、靠近村庄的自然保护小区内。每块筑巢的保护小区不论面积大小，都有3个共同点：① 有一片地处四周平缓开阔的高大乔木天然混交林；② 此片天然林紧靠村庄；③ 此处天然林附近有水源。

婺源森林鸟类国家级自然保护区的森林覆盖率高达93.3%，保护对象主要为中亚热带珍稀鸟类及其栖息地，是国内唯一以森林鸟类命名的国家级自然保护区。这里也就成了蓝冠噪鹛栖息地的不二之选。

婺源森林鸟类国家级自然保护区是赣东北最重要的森林生态系统之一，是白际山脉的一部分，拥有黑麂、蓝冠噪鹛等分布范围很窄的珍稀物种。保护区内植被茂密，生态小气候多样，生境复杂，为野生动物的栖息、繁衍提供了良好的条件。保护区内有蓝冠噪鹛、青头潜鸭、中华秋沙鸭、白颈长尾雉等13种国家一级保护野生动物（鸟类），白腿小隼、勺鸡、白鹇、鸳鸯等62种国家二级保护野生动物（鸟类），黑麂、黑熊、豹猫、中华鬣羚等14种国家二级保护野生动物（兽类），鹅掌楸、长序榆、香果树、细茎石斛等56种国家一、二级保护野生植物。除此之外，保护区还是婺源安息香、婺源槭、婺源凤仙花、婺源花椒、婺源兔儿风、光叶紫珠等野生植物的模式标本产地。

婺源森林鸟类国家级自然保护区管理中心副主任杨军告诉记者，婺源的水口林都是高大的天然混交林，有乔灌草多样物种，为鸟类提供更加丰富的食物。鸟儿选高大的树冠处筑巢既隐秘又安全，能有效避免受到天敌蛇、鼠侵害。天然混交林乔灌草高低分层，雏鸟出巢落地，有树下灌木、杂草的缓冲而不易受伤，也便于躲藏。落地的雏鸟利用灌木、杂草的不同高度，边飞边跳又能回到树上的巢窝。因此，婺源高大天然混交林是许多野生动物，尤其是森林鸟类的最爱，是它们逗留、觅食、筑巢的理想之地。

杨军介绍说，为了在林中能更快发现远处及周边的天敌，蓝冠噪鹛会选在四周开阔平缓的水口林栖息。加之开阔平缓的水口林旁有村庄，开阔地上必是农田旱地，地里常有村民生活、劳作，在水口林周边走动，在林中乘凉、休息。松鼠、猛禽等的天敌因此会感到威胁，从而远离水口林。如此一来，蓝冠噪鹛十分亲近人类，特地选在紧靠村庄的水口林树冠栖息觅食、筑巢繁衍，甚至把巢筑在紧靠房屋的大树上，捕食森林害虫，与村民和谐共处。在村民间接的庇护下，蓝冠噪鹛才得以繁衍。

婺源醉美自然保护地

婺源独有的村庄水口林是蓝冠噪鹛安全的栖息地，是蓝冠噪鹛婺源新种的孕育地，是蓝冠噪鹛唯一筑巢的繁殖地，这也解开了蓝冠噪鹛对婺源情有独钟之谜。

婺源县林业局自1992年以来开展的自然保护小区体系建设为蓝冠噪鹛的栖息地保护带来了积极影响，相关保护宣传也提高了村民的爱鸟、护鸟意识，这些保护行动促进了蓝冠噪鹛种群的恢复性增长。

2009年起，婺源县全面禁伐天然常绿阔叶林。多年来，婺源县打造了191个自然生态型、珍稀动物型、水源涵养型的自然保护小区，蓝冠噪鹛的繁殖地皆被划为自然保护小区。当地组织专业护鸟技术队伍，在其栖息地安装实时监控设备。据婺源县林业局监测，目前蓝冠噪鹛野生种群有250余只。尽管20年来蓝冠噪鹛种群数量呈增长趋势，该物种仍处于极小种群状态，还未摆脱灭绝风险。蓝冠噪鹛婺源种群的保护值得我们更深入的研究和探索。

▲
蓝冠噪鹛

（原载于《中国绿色时报》，作者为王辰）

第八章

婺源自然保护地成绩概览

第九章

自然保护地与生态文明和谐共生

2020年，习近平总书记在第七十五届联合国大会上向全世界宣布，中国将采取更加有力的措施，力争在2030年之前实现二氧化碳排放达到峰值，力争在2060年之前实现碳中和。婺源是江西省重点林业县，开发林业碳汇优势明显。

婺源森林景观/
邵立忠　摄

第一节 "双碳"目标下自然保护地建设与发展

婺源县林业碳汇开发较早。2010年4月，在全国低碳国土实验区工作会议暨第六次部委政策信息对话会上，婺源被中国国土经济学会授予"全国低碳国土实验区"的荣誉称号。2011年1月，婺源县在"全国低碳旅游实验区工作会议暨授牌仪式"上被授予首批"全国低碳旅游实验区"称号。2013年7月，开展林业碳汇计量监测工作，为加强组织领导，保证林业碳汇计量监测工作的顺利实施，成立"婺源县林业碳汇计量监测工作领导小组"。2014年8月，江西财经大学严淑梅教授主持"鄱阳湖生态经济区自然资源评价和低碳旅游研究"基金项目，在《江西科学》杂志发表论文《婺源森林碳汇支撑中国最美乡村旅游》。2016年8月，江西省昌林碳汇开发有限公司驻婺源办事处成立。

2022年7月28日至30日，婺源县林业局、发改委、投资集团、生态林场等组成考察组赴福建省沙县区、永安市考察学习生态产品价值实现机制、林业碳汇及林业可持续经营三项工作，探索林业碳汇产品交易，推动林业碳汇经济价值实现。2022年7月，为配合婺源县林业碳汇建设，婺源县制定下发《婺源县森林赎买实施方案》。2022年8月，根据国家林业和草原局《关于组织申报林业碳汇试点市（县）建设项目的通知》，江西财经大学生态文明研究院组织专业技术团队，编制完成了《婺源县林业碳汇试点建设实施方案（2023—2025年）》，积极申报国家林草碳汇试点县。2022年11月，江西婺源森林鸟类国家级自然保护区申报2023年中央财政林业国家级自然保护区补助资金项目《保护区森林碳汇计量与监测、评估》，申请项目资金60万元，主要实施内容为：选取保护区内有代表性森林类型设置固定样地，开展乔木层、灌木层、草本层、凋落物层生物量和土壤有机碳调查，运用造林成本法和碳税率法估算不同森林类型的碳汇经济价值，揭示保护区碳储量服务功能的时空变化特征。项目已申报江西省林业局。2022年11月，江西省科学院能源研究所来婺源交流，表达愿意应用《江西省森林经营碳汇项目方法学》《江西省林业碳汇项目开发及交易管理暂行办法》《关于在江西省用能权交易市场中使用林业碳汇建议》等3个项目成果，合作开展"婺源县林业碳汇交易市场建设方案及制度设计"的意向。2022年12月9日，婺源县发改委、婺源县林业局、婺源森林鸟类国家级自然保护区管理中心、婺源县绿色产业投资发展公司赴江西财经大学考察学习，确定婺源县人民政府与江西财经大学在生态产品价值实现机制、碳汇经济等方面的战略合作。

婺源提出了"深化改革，释放林业碳汇发展内驱动力"的林业碳汇开发理念。将生态系统碳汇能力巩固提升实施方案作为碳达峰碳中和"1+N"政策体系的保障方案之一，探索总结高固碳的森林经营模式，研究筛选高固碳的造林树种，持续推广会议碳中和，储备一批林业碳汇项目，稳步推进林业碳汇交易。大胆开展试点探索。因地制宜探索"林业碳汇+"，由点到面，着力让婺源林业碳汇多重效用拓展到经济社会发展和生态保护修复的方方面面。以经济发展相对滞后的山区农村碳汇林作为开发对象，促进林农和村集体增收，让农村地区共享发展红利。建立健全林业碳汇计量监测体系。开展全县林业碳汇专项调查，按照森林类型、起源和龄组选取多个满足模型建立要求的森林样地，开展乔木层、灌木层、草本层、枯落物、枯死木生物量和土壤有机碳调查，构建婺源林业碳汇计量监测体系。组织开展"林业停止商业性采伐"碳汇项目方法学，将自然生长的增量计入碳汇，为林业碳汇计量监测提供理论依据。推广活动碳中和。婺源的大型活动和公务会议、旅游研学等，可通过营造碳中和林、购买林业碳汇等方式，抵消活动、会议产生的碳排放，实现碳中和。鼓励、引导企事业单位、社会团体自愿参与。推动碳金融发展。积极开发碳资产抵押质押融资、碳金融结构性存款、碳债券、碳基金等绿色金融产品，鼓励保险机构积极开发碳资产类保险、再保险业务。司法实践碳恢复。从生态司法、低碳生活等各个方面协同发力，共同推动碳票多场景应用，检察机关办理生态环境案件时，可要求被告人按照碳汇交易指导价格自愿认购林业碳汇，推动受损生态资源及时有效恢复。

婺源林业碳汇工作起步早，但进度缓慢，目前还没有能够落地的碳交易，主要存在以下4个方面的问题和困难。

1. 碳汇研究技术力量薄弱

婺源县林业科技创新工作基础较好，工作成效显著，但碳汇相关的技术力量仍然薄弱。开展碳汇项目监测和验证等方面的工作，不仅需要投入大量的人力、物力和财力，还要需要强有力的技术支撑，以确保碳汇项目实施过程中，监测、报告和验证机制的准确性和可持续性。由于县域内尚未完成建立林业碳汇动态监测体系，且用于估算区域内不同森林类型的碳储量动态变化的历史监测数据匮乏，一定程度上制约了后续的开发与利用工作。因此，需要提交资源筹措力度，整合多方技术力量，完成构建县域内不同森林类型碳汇动态监测体系，以掌握县域内森林碳汇的时空变化规律。在此基础上，积极与科研院所开展合作，依托自然保护区建设，加快推动区域内不同类型森林碳储量评估、监测等方面的研究。争取在3~5年内，结合历年林业清查数据与监测数据，探索构建区域内不同类型森林碳汇速率和碳汇潜力预测模型，为开展碳汇项目提供数据支撑。此外，为确保碳汇项目的正常实施，还应关注气候变化对区域内林业碳汇的不确定影响。

2. 碳汇交易市场有待开发

江西省不属于地方碳市场试点省份，因政策原因不能新建区域性碳市场、碳交易机构和自愿减排交易机构，只能参与全国碳市场交易。林业碳汇项目减排量抵消碳排放配额使用比例仅为5%，能够提供的市场份额较少，参与难度较高。温室气体自愿减排项目的实施对象一般为人工林，不涵盖天然林。如碳汇造林项目一般为无林地上开展的造林项目，森林经营增汇项目的实施对象一般是人工林，且项目实施产生的碳汇量应高于基线碳汇量。围绕天然林开展的保护和增汇工作，作为生态环境保护的重要工作，无法很好地融入碳汇交易体系。

3. 资金支持有待加强

江西省碳交易体系正处于探索阶段，市场成熟度不高，林业碳汇项目的市场化交易难度较大。现阶段储备试点的林业碳汇项目，很难参与市场交易，获得资金支持。此外，基于地面调查数据的森林碳储量动态监测工作，是一项耗时、耗力、耗财，却又必须要做的长期工程，需要大量的资源投入。应多方争取资源，加大资金支持力度，围绕全国碳市场，按照交易规则及方法学要求，试点开发储备用于交易的林业项目，储备一批林业碳汇项目；围绕林业碳汇开发工作需要，加快开展全县林业碳汇专项调查，建立和完善县域林业碳汇计量监测体系。

4. 体制机制有待完善

县级林业碳汇项目的开发和参与碳交易市场涉及诸多复杂问题，

需要政府、科研机构和社会各界的协同推动。

碳汇项目的融资机制还不完善。体现碳汇价值的生态保护补偿机制也不够完善，天然林保护和增汇工作的价值没有得到很好的体现。然而，天然林的保护和增汇工作，是自然保护区的重要工作内容。开展天然林增汇工作，对于提升生态系统质量，扩大林业碳汇市场，具有重要意义。需要加快推动生态保护相关资源整合，使其能够与森林碳汇价值建立更为紧密的联系。

（本节由杨军执笔）

第二节　自然保护地建设的社会化参与

自然保护地不仅对生物多样性保护至关重要，而且对于许多依赖自然资源得以生存的当地居民也至关重要。因此，建立自然保护地的社会化参与机制，既是建立高效管理的重要保障，也是构建以政府为主导、企业为主体、社会组织和公众共同参与的保护自然资源的必经之路。

建立自然保护地的社会化参与机制包括：在村一级设置生态管护公益岗位，聘请脱贫户为护林员，增加地区脱贫户收入；在产业发展中，通过改善基础设施建设，一定程度上允许社区居民从事必要的生产、生活活动，同时注重鼓励社区发展生态旅游业、生态康养业和绿色农业等绿色富民产业，以及鼓励、支持社区以集体入股、"企业+基地+农户合作"等多种形式自然保护地特许经营活动，鼓励从事餐饮、民宿等行业，使居民从自然保护地发展中获得经济收益。完善和落实生态补偿制度，探索多种生态补偿实现方式。

婺源推进"景村"党建工程保护传统村落。婺源成立以县委主要领导挂帅的领导小组，创新建立县领导联系制度，探索"村党组织+公司+合作社+农户"模式，确保村有人管、事有人干、责有人担、业有人创。聘请传统建筑工匠、非遗传承人等技能人才，担任传统村落

黑熊／杨军　摄

保护岗位联络辅导员。为加大保护力度，鼓励引导社会资本参与传统村落保护发展，先后筹措资金近3亿元。借助婺源旅游股份有限公司等企业力量，成功开发保护江湾、汪口和晓起等传统村落型旅游景区。

婺源县在全国首创建设自然保护小区，出台《关于开展婺源县自然保护小区调查规划工作的通知》《婺源县自然保护小区（风景林）管理办法》，引导群众"自建、自管、自受益"，将全县自然保护小区全部纳入公益林生态补偿范围，按照每年每公顷315元的标准向林权所有人发放生态补偿资金。

婺源县先后出台了《婺源县护林员管理暂行办法》《婺源县专职护林员考核管理办法》等文件。优先从当地居民选聘护林员，护林员劳务报酬每人每年10000元，其中基本劳务报酬每人每年7200元，绩效劳务报酬每人每年2800元。护林员劳务报酬实行季度发放，其中绩效劳务报酬按考核结果发放。全县共有600余名护林员。2020年，婺源县安排护林员专项资金逾900万元。

为了更好地保护鸟类，婺源县在希望小学等多所学校挂牌"飞羽学校"，结合世界野生动植物日、爱鸟周、国际生物多样性日等开展"飞羽学校"进乡村、进社区系列主题活动。同时，打造赋春镇鸳鸯湖鸳鸯科普馆、紫阳镇石门村蓝冠噪鹛馆、中云镇文公山鸟类科普长廊、大鄣山乡金岗岭白鹇基地、紫阳镇渡头村中华秋沙鸭基地等鸟类题材自然教育基地（场馆），成立太白镇曹门村蓝冠噪鹛护鸟队、赋春镇洪家村白鹇护鸟队、江湾镇晓起村白腿小隼护鸟队等，促进鸟类保护"飞入寻常百姓家"。

江西婺源县林奈实验室积极开展自然科普。5年来，林奈实验室

婺源醉美自然保护地

在婺源先后举办公益讲座、开放性学术沙龙88场，开展公益性自然教育活动、科普宣教活动292场，深入湿地公园、乡镇各中心小学、偏远村庄等。同时，开展线上自然科普直播49场；有5万多名孩子和近1万名家长参加了林奈实验室的自然科普活动。江西婺源县林奈实验室近年来被授予"江西省科普教育基地""第四批全国自然教育基地（学校）"等称号。2023年，在考察雍溪村的整体环境后，林奈实验室正式与其展开合作，每年可为村民带来4万多元的纯收益。

第三节　自然保护地的生态产品价值实现

婺源自然保护地积极践行绿水青山就是金山银山的理念，建立健全生态产品价值实现机制，以高品质生态环境支撑高质量发展。

积极探索湿地保护制度化。婺源认真落实"河长制""林长制"，注重保护和治理的系统性、整体性、协同性。婺源对饶河源国家湿地公园的生态保育区（核心区）实行严格的保护措施，以"湿地银行"形式反哺湿地保护；启动全省首个县级上下游生态补偿试点工作，不断健全生态补偿机制。

建立健全森林保护长效机制。婺源县将全县山林全部纳入公益林生态补偿范围，实施低产低效林改造提升和彩色森林项目建设，发展各类林业专业合作社197家，从事林下经济作业人数近10万人，林下经济年产值11.47亿元。

婺源县坚持把旅游业作为绿色发展"核心产业"，着力实施"生态+""旅游+"战略，放大"中国最美乡村"地域品牌效应，先后打造了"油菜花海""晒秋赏枫""梦里老家""古宅民宿"等特色旅游品牌。

大力发展红、绿、黑、白、黄"五色"（即荷包红鱼、婺源绿茶、婺源歙砚、江湾雪梨、婺源皇菊）特色生态产业，引领百姓通过生态入股、资源分红和自主创业等方式，在家门口实现增收致富。目前，

第九章

自然保护地与生态文明和谐共生

"婺源绿茶"品牌价值已达29.13亿元，茶产业年综合产值45.01亿元，带动近22万涉茶人员就业创业；直接从事旅游人员已逾8万人，间接受益者突破25万人，占全县总人口近70%。

为打通"资源—资产—资本—资金"的"两山"转化新路径，该县专门成立"两山"转化中心，搭建集软件应用、价值评估、窗口办理和线下交易等于一体的公共服务平台，着力破解生态产品交易中长期存在的信息孤岛难题。不断完善生态产品价值实现机制，编制完成上饶市首份GEP（生态系统生产总值）精算报告，积极谋划思口镇生态产品价值实现试点工程；创新推出古建筑全球认购、森林赎买和茶叶价格指数保险等特色做法，实施"整体性转让、整村式搬迁、市场化开发"等举措，采取"公司+景区+农户"形式，加快催动古宅"生金"、山水"淌银"。

▲
橙腹叶鹎/
程政 摄

（本章第二、三节由邹金浪执笔）

第四节　自然保护地生态补偿机制的实践

"古树高低屋，斜阳远近山。林梢烟似带，村外水如环。"这正是江西婺源乡村景致的真实写照。地处赣、浙、皖三省交界的婺源，挂牌保护、树龄百年以上的古树名木多达14116株，总量占江西省古树名木逾一成。生态是婺源最大的优势。婺源深入践行"两山"理念，以生态"含绿量"提升发展"含金量"，把生态优势转化为发展胜势，为打造美丽中国"江西样板"贡献"婺源方案"。

婺源先后荣获首批中国天然氧吧、国家生态文明建设示范县、国家生态县、国家重点生态功能区、徽州文化生态保护区、森林鸟类国家级自然保护区、全国"绿水青山就是金山银山"实践创新基地等生态荣誉。生态综合补偿创新做法在第五届国家生态文明试验区建设（江西）论坛上作典型发言；森林生态保护补偿"婺源模式"入选全国推广清单；《稀世之鸟·蓝冠噪鹛》亮相《生物多样性公约》第十五次缔约方大会。2023年5月9日，国务院发展研究中心生态文明建设经验交流现场会在婺源召开，婺源县生态文明建设工作获得国务院发展研究中心的高度肯定。

一、秉持两山理念，构建生态格局

秉持"绿水青山就是金山银山"理念。历史上，婺源百姓养成了尊重自然、敬畏山水的生态自觉，保留了"杀猪封山""生子植树"等村规民约和"养生禁示""封河禁渔"等自治石碑。婺源先人们朴素的环境保护思想，催生了环境保护习俗。进入新时代，婺源更加注重在传承中与时俱进，不断激发广大群众保护生态环境的积极性。成立了以县委书记为组长，县长为第一副组长的生态产品价值实现机制示范基地建设工作领导小组，并在领导小组办公室下设综合协调、古村古建、山水林田、金融支持四个专班，常态化召开专班推进会，构筑生态产品价值实现"四梁八柱"，确保人尽其才、物尽其用。先后出台《婺源县生态综合补偿实施方案（2023—2025年）》《婺源县生态产品价值实现机制示范基地建设工作方案》《婺源县关于建立"河（林）长+警长"协同工作机制的实施方案》《婺源县古建筑全球认购认领保护工作实施方案》《婺源县森林赎买实施方案》等文件，守好发展和生态两条底线，全力绘就生态文明新画卷。

二、坚持创新引领，下好"改革棋"

建立生态产品价值核算体系，着力推进生态产品的确权、量化、评估工作，加快建立生态权益资源库，构建分类合理、内容完善的自

第九章

自然保护地与生态文明和谐共生

然资源资产产权体系。创建婺源县"两山"转化中心，搭建公共服务平台，破解生态产品信息孤岛难题，打通"资源—资产—资本—资金"的"两山"转化新路径，拓宽生态产品融资渠道，着力推动生态资产赋能增值。为全市GEP核算打下扎实基础，提供重要依据，完成了上饶市生态产品总值核算统计报表制度试点报告。

"两山转化中心"

该中心位于婺源县旅游集散中心一楼，于2022年12月30日建成，主要包括：窗口受理区、后台办公区、实践展示区、生态产品直播区、多功能交流区。中心借鉴商业银行存贷理念，按照"分散输入、集中输出、综合收益"的规模经济思路，将零存整取的概念延伸至生态资产资源开发领域。本着"为生态资源规模化经营提出解决方案、为生态产业经营主体提供交易平台、为生态产业项目建设提供融资渠道、为生态产业发展探索共同富裕途径"的服务宗旨。是婺源县践行"绿水青山就是金山银山"习近平生态文明思想的理论创新、"资源—资产—资本—资金"的路径探索、实现生态产品价值转化的综合平台。

三、聚焦护绿固本，厚植"生态底"

在全国率先建立"自然保护小区"。分散的天然林很难被纳入自然保护区管理体系。婺源在全国首创建设"自然保护小区"，出台《关于开展我县自然保护小区调查规划工作的通知》《婺源县自然保护小区（风景林）管理办法》，形成了一套由林权单位申请、林业部门规划、县级政府审批的运作程序，巧妙地把守护星星点点绿色的困局转为变局。建立珍稀动物型、自然生态型、水源涵养型等6类自然保护小区191处，保护面积33830公顷。同时，引导群众"自建、自管、自受益"，将全县自然保护小区，全部纳入公益林生态补偿范围。"自然保护小区"早在30年前就受到国家林业部的肯定和推广，获评世界发明奖。

石门：自然保护小区中的人鸟和谐共生

婺源县从1992年起，在全国率先建立首个自然保护小区，建立起

婺源醉美自然保护地

蓝冠噪鹛

首批自然生态型、珍稀动物型、珍贵植物型、自然景观型、水源涵养型、资源保护型等自然保护小区191个。这些自然保护小区形成了森林资源自然保护网络，弥补了自然保护区之外的生物多样性保护问题，有效地保护了村落风水林、古树群及原生性较强的常绿阔叶林群落，提高了村镇生态环境质量。婺源的做法成为全国的样板。此后，浙江、福建、广东等地也建立了不少自然保护小区。2015年，出台了首部自然保护小区管理办法，让小区生物多样性保护有法可依。婺源县为了保护珍稀濒危的蓝冠噪鹛，出资请当地的村民担任护林员，日夜守护。如今，蓝冠噪鹛已经从非国家重点保护野生动物升级为国家一级保护野生动物。因为生态秀美，月亮湾石门村获得"最美观鸟村"称号，良好的生态环境为鸟类提供了栖息环境，孕育了生物的多样性，婺源珍稀鸟类众多，是名副其实的"鸟类天堂"。蓝冠噪鹛、白腿小隼、中华秋沙鸭、鸳鸯等"美丽精灵"成为生态代言人，"东方宝石"朱鹮的惊喜到访更是婺源探索人鸟和谐发展的代表。每年有3000多名世界各地的观鸟爱好者慕名而来，来婺源观鸟已然成为新时尚、新热潮。村民们变身"观鸟导游"，吃上了生态致富的"观鸟饭"，以鸟为媒，闯

第九章
自然保护地与生态文明和谐共生

出了生态产品价值实现的"观鸟之路"。"生态+旅游"深度融合，不断擦亮婺源旅游品牌，实现美丽经济新内涵。

推深做实林长制，健全完善森林资源源头管理机制。2017年，婺源县正式启动天然林保护工程；2018年，将"天然阔叶林十年禁伐"升级为长期禁伐，建立森林保护长效机制；全面推行林长制，将全县森林资源划定为692个管护责任网格，建立以村级林长、监督员、护林员为骨架的"一长两员"森林资源源头网格化管理体系，实行网格化、规范化、信息化管理，做到每个网格对应1名护林员。有效完成实施全县公益林补偿面积154.91万亩，天然林停伐保护管护面积111.54万亩，天然林保护工程区外天然商品林停伐补助197.86万元，年度管护投资共计5596.93万元。

大鄣山：国家级自然保护区绿色底色更亮，金色成色更足

大鄣山，地处皖赣边界，位于婺源北部，是国家级自然保护区的核心区域。区内群山环抱，山峰标高800～1600米，主峰擂鼓尖，海拔1629.8米，属县内最高的山峰；生态自然资源保存完好，奇花、怪石、群山、青松、飞瀑应有尽有；植物种类达880多种，包括红豆杉、香榧、楠木、檀木等珍贵树种；野生动物种类丰富，狗熊、猴猕、黄莺、猫头鹰等珍禽奇兽栖身于此；气候舒适宜人，年平均气温12.8℃，7月份平均气温23.7℃，集观光、休闲、避暑、体验于一体。其中，2003年开发的大鄣山卧龙谷景区，以雄、险、奇、秀而著称，号称"江南第一奇谷"；其森林覆盖率高达96.7%，号称"天然大氧吧"；谷内瀑布众多，千丈瀑从落差193米高处的绝壁倾泻，被称为"国内第二高瀑"；2006年被评为国家AAAA级旅游景区，是一处景观独特、具有原始风貌的高山峡谷景区。

以大鄣山、卧龙谷生态资源为基础，大鄣山乡致力于走生态立乡之路，实施护林、污水处理、环境整治等措施，长期禁伐天然阔叶林，扎实开展林政管理专项整治，且已建立垃圾长效管理机制，确保村庄整洁、道路干净、河水清澈的生态环境，以生态环境保护与监管机制优化生态资源来发展旅游产业。加快推进卧龙谷滑雪避暑小镇，打造

特色游步栈道、护栏，建设茅舍、茶亭、石屋等建筑，将生态资源价值发挥最大化，建成集观光旅游、寻古访幽、避暑休闲、攀岩溜索、康体竞技为一体，充满山野情趣的大鄣山卧龙谷生态旅游地。

四、践行以绿生金，拓宽"转化路"

在实践自然保护地生态补偿机制的道路上，婺源还积极践行以绿生金的拓宽"转化路"。

（一）让生态惠民，实施"生态+""旅游+"战略

把旅游业作为第一产业、核心产业发展，依托创新政策、生态修复、绿色金融等支持，着力将潜在的资源优势转变为现实的发展优势，在"中国最美乡村"地域大品牌下，先后塑造了"油菜花海""晒秋赏枫""梦里老家""古宅民宿"4个在全国有影响力的特色旅游品牌。江西省政府主要领导在全省旅发大会上推介"最美乡村婺源"，打响品牌。婺源县有国家AAAAA级旅游景区1个、国家AAAA级旅游景区14个，是全国拥有A级景区最多的县域和全国唯一的全域AAA级景区。

在婺源，以绿生金的"转化路径"很多，比如篁岭探索、开辟了共同富裕的"篁岭路径"。

婺源县江湾镇篁岭村因"修篁遍岭"而得名，享有"梯云村落、晒秋人家"之美誉，年接待游客量最高达142万人，一度成为江西省首个"限客"景区。然而，前溯十年，尽管篁岭古村有它独特的韵味，但也和国内其他濒临消亡的古村落一样：地质灾害频发，交通不便，饮水困难，生产生活条件恶劣。原先有180多户人家，后来有条件的村民都陆陆续续搬走了，整个村庄"人走、屋空、田荒、村散"，一片萧条。面对"消亡"困境，篁岭古村"置之死地而后生"，奏响"整体搬迁、精准返迁、产业融动"三部曲。

　　婺源县委、县政府坚持以人民为中心的发展思想，践行新发展理念，贯彻落实习近平生态文明思想，立足于提供更多优质生态产品以满足人民日益增长的优美生态环境需要，以体制机制改革创新为核心，企业运营管理模式和"生态入股"发展理念为支撑，探索可持续的生态产品价值实现路径，着力构建绿水青山转化为金山银山的政策和制度体系，打造生态产品价值实现的"篁岭模式"。

　　出台了全国首例古建保护，创新"古建异地搬迁保护"举措，印发了《婺源县生态产品价值实现机制示范基地建设工作方案》《婺源县古建筑全球认购认领保护工作实施方案》等一系列鼓励政策、保护政策，为生态价值实现提供重要保障。篁岭古村整合运用小产权房办证试点和地质灾害点整村搬迁相关政策，创造性推动村庄整体性转让、整村式搬迁、市场化开发、股份制运营。基于此，婺源县篁岭文旅股份有限公司通过"招拍挂"，对村庄进行全面产权收购，厘清了产权归属，直接促成首期投资1亿元的篁岭民俗文化影视村开门营业。

　　运用综合治理手段，恢复和加强森林生态系统功能，增强水源涵养能力，促进自然生态系统的恢复。完成地质灾害威胁专项治理，根本性解决水源问题，焕然一新的旅游交通环境，全方位助力景区从"衰败村"到"网红村"的华丽转变。篁岭景区变"砍树"为"看树"、变"种田"为"种景"、变"废宅"为"宝宅"，奋力打通生态产品价值实现"篁岭通道"。

　　在当地人民银行的推动下，婺源县农联社（现已改制为婺源县农

婺源醉美自然保护地

商银行）主动上门对接联系，累计提供了1.7亿元贷款，成为景区发展的"第一桶金"。自开发以来景区累计投入6亿多元，其中超过70%的资金来源于不同阶段的银行机构融资。2018年3月，篁岭再次迎来了新的发展机遇，中青旅与婺源县政府签订了战略合作协议，对篁岭古村二期项目追加投资9亿元，开启了上市的孵化。目前，篁岭景区顺利通过国家文旅部景观质量评审，取得创建AAAAA景区的"入场券"。

至此，篁岭古村打通了生态产品价值实现"篁岭通道"，实现了从"衰败村"到"网红村"的华丽转身。在"家门口"吃上"生态饭"，激发了村民的内生动力，形成了"保护美丽生态环境—转化为'美丽经济'—促进村民保护环境"的人与自然和谐发展的良性循环。如今，篁岭打造了"四季不落幕"的乡村旅游胜地和全域旅游样板，呈现了"青山绿水不变、村民返居兴业、乡村文明开放"的新面貌，备受瞩目、广受好评。

严田·望山生活:构建乡村振兴的望山生活模式

赋春镇严田村委会的巡检司村，是一处自然资源丰富、耕读文化厚重的徽州古村落。受盆地的有限资源和经常性局部灾害的影响，巡检司村衍生了以整体农业生产和生活环境的持续利用为目的的"生态节制"行为。2015年，市、县、镇三级政府领导开拓创新，引进了北京大学俞孔坚教授带领的设计团队，以"保育本底、植入激活、新旧共生、与民共荣"的理念开始在巡检司村实验"望山生活"，践行一种看得见山、望得见水、有乡愁的生活实验，探索实现乡村高质量发展、高品质生活、"绿水青山就是金山银山"的路径。如今，以诗意栖居、生态优农、全域旅游、研学实践和文创艺术五位一体的望山生活正在巡检司村生根开花。在为城市人创造美好生活的同时，也带动了乡村振兴，自然生态得到了更好的保护和高效利用，凋敝的乡村和社区重新焕发生机。2021年巡检司村常住人口年均收入较2015年提升了71%。望山生活模式入选《中国NbS典型案例》，获评江西省生态文明教学实践创新基地。

(二）觅最美宿主，探索古建全球招募

婺源县有中国传统村落30个，历史遗迹、明清古建筑遍布乡野。2012年6月，《婺源县古村落、历史文化名村、古建筑保护管理暂行办法》出台，当地在具体实践中探索形成鼓励社会认养、整体搬迁、异地安置等一批古村落古建筑保护开发经验做法，建立健全古村落古建筑县、乡、村三级保护和监督管理机制。为活化利用古建民居，留住徽韵"乡愁"，2022年，作为古徽州"一府六县"之一的江西婺源县对外发布14栋历史古建筑的名称、地址、建筑面积、历史年代、结构类型等信息，出台《婺源县古建筑全球认购认领保护工作实施方案》，向全球招募"保护人"。在认领的过程中，当地住建部门会对认领人的改造和装修方案进行审核，以保护其原有风貌和相关建筑结构。设立2000万元专项资金，出台《婺源县民宿产业扶持办法》，引导全县民宿标准化、规范化发展。目前，全县精品民宿发展到800余家，形成了3个百栋以上的古宅民宿村。数据显示，到婺源体验民宿的游客人均停留2.5天，日均消费1300元，间接带动2万余人就业，民宿体验游成为婺源旅游经济新亮点。

关于"醉美婺源+最美民宿"的活化利用，外界如此评论："外面500年，里面'五星级'"。

在已成功打造"油菜花海""晒秋赏枫"等乡村旅游品牌的基础上，婺源不断挖掘乡俗、乡景、乡味、乡宿内涵，形成"古宅民宿"品牌，营造"采菊东篱下，悠然见南山""此心安处是吾乡"的乡村美好生活意境，吸引更多游客在民宿、山野、田园中体验乡村慢生活。

婺源篁岭的数百栋徽派民居中，大部分为篁岭晒秋美宿，此类民宿保留了村落民居的原味和特点，尽显古韵。晒秋美宿依托古村优美的生态环境，每户以晒楼为画框和观景，将梯田花海、群山村落尽收眼底。2009年，在中国本土设计师汪万斌执笔下，依托优渥的生态、深厚的文化与梦幻般的仙境场景，将村庄内128栋世界独一无二的晒秋民居加以改造，形成了推窗可见美景的坡地客舍。美宿客房多由村

婺源醉美自然保护地

中明清时期建筑改造而来，外观保留徽派建筑的原风格，尽显古韵，房内设施皆按照五星级标准打造。200余间的民宿内部从复古中式，到简约现代风格，每一间都有着自己的韵味。推开晒秋景观房的古宅老窗，大大小小五彩晒匾映衬着水墨画中的徽派建筑，迎面可见。依山而建的古村，从山坡的最底下，依次亮起灯火。这些灯火，有沿着房顶的景观灯，有悬挂在屋檐下的大红灯笼，有天街上的油灯，还有美宿的窗户里透露出来的照明灯、点线面结合的夜景灯，勾勒出村庄美丽的轮廓，使得夜幕下的"梯云村落"别有一番滋味。

如今，婺源厚塘庄园、花田溪、将军府、明训堂、晓起揽月等600余家精品民宿已经形成了巨大的产业集群效应，其中高端古宅度假民宿130余家，平均每家投资1000万元以上。

（三）抓提质升级，打造旅游升级的文旅融合模式

旅游市场既"叫座"又"叫好"的良好态势呈现强势增长，旅游接待人次、综合收入赶超新冠疫情前2019年同期水平，继续保持全省领先、全国前列。抢抓新冠疫情后旅游市场机遇，精心谋划、策划新场景、新体验，做深、做实新举措、新服务，确保"季季有主题、月月有活动、天天都精彩"。篁岭文旅2023年上半年实现营收1.7亿元，纳税4000余万元，预计2024年上市；婺女洲5天5场音乐节吸引全国各地乐迷超8万人，全网话题传播量2.8亿次；"严田小火车"新鲜出炉，上半年"圈粉"33万人，塑造了"新玩法"带火"老景区"的成功范例。

（本节由朱春华、戴珺执笔）

第九章

自然保护地与生态文明和谐共生

177

朱鹮/胡红平 摄

第五节 自然保护地山水林田湖草统筹治理

"山水林田湖草沙冰生命共同体"理念是习近平生态文明思想的重要内容,是对"山、水、林、田、湖、草、沙、冰"等各自然要素内在逻辑关系的精准把脉。党的十八大以来,生命共同体理念内涵和外延得到了不断丰富和发展,从"山水林田湖生命共同体"到"山水林田湖草生命共同体",到"山水林田湖草沙生命共同体",再到"山水林田湖草沙冰生命共同体"。从生态学角度,山、水、林、田、湖、草、沙、冰这些自然元素是普遍联系和相互影响的,要求在处理涉及各自然元素事务时,要系统考虑,不能偏重一点。从生态保护角度,在考虑自然元素的整体性基础上,遵循生态学规律,充分发挥人的主观能动性,对"山、水、林、田、湖、草、沙、冰"等自然元素一体化保护和系统治理,做到"宜林则林、宜草则草、宜田则田、宜沙则沙"等,减少人类主观意志的干预,促进人与自然和谐共生。

一、实施"山水林田湖草沙冰生命共同体"建设的必要性

"山水林田湖草沙冰生命共同体"建设是破解环境与发展矛盾的根本途径。随着婺源县经济较快发展，尤其是旅游业，年均接待旅客2003.4万人次，人口急剧增加，工业快速发展，资源不合理开发利用，旅游业过度开发等，致使部分森林、山地功能退化，水源涵养功能和生物多样性维护功能有所下降，生态系统中各自然元素不可避免地遭到一定程度的损害。只有坚持人与自然和谐共生，尊重自然、顺应自然、保护自然，遵循自然规律，推动山水林田湖草沙冰一体保护和系统治理，才能促使发展和环境永久处于平衡状态。

▲
婺源森林鸟类
——紫啸鸫/
胡红平　摄

"山水林田湖草沙冰生命共同体"建设是破除绿色发展道路壁垒的重要举措。"山水林田湖草沙冰生命共同体"建设要求充分考虑各自然要素之间的联系与影响，遵循自然规律，对生态系统开展一体保护和系统治理，为绿色发展提供物质基础和必要条件。同时，要坚定不移走生态优先、绿色发展道路，促进产业结构优化升级和绿色全面转型，建立健全绿色低碳循环发展经济体系。绿色发展是现代化经济体系必然要求，需要认识到"发展经济不能对资源和生态环境竭泽而渔，生态环境保护也不是舍弃经济发展的缘木求鱼"，只有遵循自然规律才能有效防止在开发利用自然上少走弯路，才能避免对自然产生较大影响。

二、山水林田湖草沙冰生命共同体建设的婺源实践

（一）全面全力保障生态修复工程

1. 规划更趋于翔实，有规可依

宏观上，《婺源县"十四五"生态环境保护规划》与《婺源县国土空间总体规划（2021—2035年）》，翔实地勾勒出"天地与我并生，

第九章
自然保护地与生态文明和谐共生

万物与我为一"的生态蓝图；划定"三区三线"，生态保护红线和永久基本农田面积约占辖区总面积的55.55%，有效增强自然生态环境和生态功能的原真性和完整性，完善生态环境空间管控；厘清生态环境存在重点问题和矛盾，科学规划目标和安排工程措施。除此之外，还出台《婺源县农村生活治理规划》《江西婺源森林鸟类国家级自然保护区总体规划》《上饶市婺源县高标准农田建设规划》等。在微观上，配套出台了《婺源县国家生态文明试验区建设工作要点》《婺源生态文明现行示范县建设工作委员会工作规则及办公室工作规则》《婺源县高质量打好污染防治攻坚战十五大攻坚行动实施方案》《婺源县水生态环境保护管理若干规定》等，具体规定了"山水林田湖草沙冰生命共同体"建设的实施路径。

2. 制度更趋于创新,有法可循

习近平总书记指出："保护生态环境必须依靠制度、依靠法治。"婺源县全面推行河（湖）长、林长制，创新出台"河（林）长+警长+检察长"协作工作机制、河（湖、林）长考核机制等，全面保护生态环境；深入推进流域的生态补偿机制，开展了全省首个县级上下游生态补偿试点，与乐平市、德兴市分别签订共产主义水库水环境横向补偿协议和饶河上下游横向生态保护补偿协议，获得补偿资金6876万元，实现"保护者受益、受益者补偿"，进一步提高生态环境保护积极性；稳步推进自然资源资产产权制度，印发《婺源县自然资源统一确权登记工作方案》和积极稳妥推进集体林地"三权分置"，破解生态利益共享难题。

3. 组织更趋于完善,有职可履

进一步强化组织协调力，厘清权责，成立婺源县生态环境保护委员会，县委书记和县长担任"双主任"，下设自然资源保护、环境污染防治等10个专业委员会，分专业分领域协调推进生态环境保护各项工作，形成党委和政府主要领导抓统筹、分管领导抓协调、部门领导抓落实的生态环境保护的工作格局。

婺源醉美自然保护地

（二）因地制宜实施生态修复工程

1.实施流域生态修复工程

统筹水资源、水环境、水生态治理，保护流域生态环境。在水资源方面，全力保障饶河流域生态基本生态用水，加强对小水电站的生态基流的监管，保障其下游基本生态用水。在水环境方面，深入推进"工业污染防治综合治理行动""水污染治理能力提升行动""饮用水水源地保护行动"等29项专项行动，完成县污水处理厂一级A提标改造，并持续提升工业园区污水收集能力；建成9大集镇污水处理设施，77个建制村生活污水治理设施；规范整治县饮用水源地和百吨千人水源地保护区规范建设，确保饮用水安全；开展入河排污口排查工作，共排查入河排污口34个，其中22个已完成纳管，并正在销号。在水生态方面，实施婺源县乐安河县城段综合治理项目、湿地生态修复工程和河道清淤项目，加强水源涵养区和生态缓冲带的保护。同时，大力实施人工增殖放流活动，每年投放各类鱼苗600万尾。

2.实施修山扩林修复工程

修山扩林修复工程主要包括森林质量提升、矿山生态系统修复治理和水土流失治理等工程。① 实施国土绿化水平和森林质量提升工程。通过贯彻落实"山上再造""绿色通道"等林业发展战略，完成人工造林1.48万亩（含油茶新造），省级低产低效林补植改造0.323万亩，退化林修复4.5万亩，四化建设新造0.07万亩，补植补造0.22万亩，实施森林抚育1.5万亩，退耕还生态林抚育1.8563万亩；参加义务植树达21万人次，累计栽植80万株；依托林场资源，实施推进"场外造林"和"百场兴百业、百场带百村"项目，完成场外造林4764亩。② 实施矿山生态系统修复治理工程。出台《婺源县矿山生态修复基金管理暂行办法》，对23座持证矿山进行修复，累计计提矿山生态修复基金2312.23万元，累计使用修复基金1520.28万元，累计修复矿山面积85.38公顷，并完成了4家绿色矿山创建；完成历史遗留废弃矿山治理33个，自然复绿790.68亩。③ 实施水土流失治理工程，投入15163.6万元，完成水土流失治理332.75平方千米。

3. 实施农田整治修复工程

进一步推进现代化农业，针对现存的资金分散、多头治理等问题，深化高标准农田建设改革。成立统筹整合资金推进高标准农田建设小组办公室，由婺源县农业农村局牵头组织开展高标准农田整治工作，已建成高标准农田25.43万亩，占全县总耕地面积的76.71%，治理成效显著；积极推进农药化肥减量增效工作，推广测土配方施肥技术；实施镇头镇、太白镇4200余亩受污染耕地安全利用项目，受污染耕地安全率达90%以上。

4. 实施生态多样性修复工程

婺源县自然保护区、风景名胜区、森林公园、湿地公园共计7个，批复总面积32218.47公顷。全国首创建设"自然保护小区"，已建成191个自然保护小区，总面积33830公顷，覆盖辖区内所有行政村。根据上级部署，持续开展"绿盾"等专项行动，对自然保护区开展问题核实、排查、整改、监督工作。加大生态多样性宣传，增强群众保护生物多样性的自觉性，强化保护生态环境、保护生物多样性的意识，营造全社会广泛参与生物多样性保护的良好氛围。

（三）扬生态优势激发"绿色"新动能

1. 持续擦亮生态名片，做强三大产业

婺源县将山水林田湖草沙冰生命共同体建设与绿色发展转型升级融合，坚持绿色化、低碳化发展，大力发展"生态农业、生态工业、生态旅游"，激发绿色动能。一是做大、做强生态农业，持续推进"一叶两花"主导特色产业，协同推进畜禽、水产、蔬菜、中药材等产业发展；二是做大、做强生态工业，构建多元支撑、链条完整、协作紧密、绿色低碳的文旅商品首位产业和鞋服家纺、机械制造主导产业体系；三是做大、做强生态旅游，高标准推进了国家全域旅游示范区建设，大力实施江湾、篁岭、江岭等景区景点品质提升工程，促进区域景区大提标、大提档。

2. 持续创新转换模式，畅通转换路径

婺源县持续做好打通绿水青山与金山银山的双向转换通道，促进

美丽生态变身美丽经济，扎实推进共同富裕。成立以县委书记为组长，县长为第一副组长的生态产品价值实现机制示范基地建设工作领导小组，创建了"两山"转化中心，运用了遥感+实地调查的技术，按照江西省地方标准及统计局核算规范，编制完成全市首份2020年GEP精算报告。2020年婺源GEP总值为1012.2亿元，为当年GDP的7.5倍，位居全省前列；出台《婺源县古建筑全球认购认领保护工作实施方案》《婺源县古村落古建筑保护与利用方案》，对全县3800余栋古建民居建档立库，推出古建筑全球认购认领模式，发布全球招募令；开创整村整体搬迁的"篁岭模式"、民宿开发保护的"延村模式"、文旅融合保护的"江湾模式"和整村整体保护的"汪口模式"等；在林权赎买方面进行创新，印发《婺源县森林赎买实施方案》，对区域森林资源进行确权登记。

三、山水林田湖草沙冰生命共同体建设成果

生态环境质量持续改善。"清水绿岸、鱼翔浅底""蓝天白云、繁星闪烁""鸟语花香、莺歌燕舞"等美好景象不再是美好的向往，而是真真切切的存在。婺源县森林覆盖率稳定在80%以上、植被覆盖率达90%以上，负氧离子浓度达7万～13万个/cm³；空气质量综合指数（AQI）为68，空气质量优于国家二级标准，其中PM2.5为0.014mg/m³，位列全省第二名；地表水水质综合指数（WQI）为2.7080，地表水断面水质达标率为100%，位列全省第三名。

绿色经济成分持续提高。婺源县坚持绿色发展道路，巩固生态优势，壮大绿色经济，三产结构调整为7.7∶24.4∶67.9。年工业用水总量为600万 m³，万元生产总值能耗预计同比下降2.8%，经济绿色程度显著提高。

绿色惠民收入持续上升。婺源百姓搭乘全域旅游发展东风，通过资源分红、景区务工、自主创业等多种方式，在家门口找到了工作岗位，拓宽了增收致富的新路子。直接从事旅游人员突破8万人，人均年收入超过3万元；间接受益者突破25万人，占总人口近70%。

（本节由王永红、徐志彬执笔）

珍珠山省级森林
公园/胡红平　摄

第六节　自然保护地与生态文明和谐共生

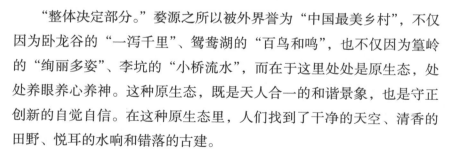

一

"整体决定部分。"婺源之所以被外界誉为"中国最美乡村",不仅因为卧龙谷的"一泻千里"、鸳鸯湖的"百鸟和鸣",也不仅因为篁岭的"绚丽多姿"、李坑的"小桥流水",而在于这里处处是原生态,处处养眼养心养神。这种原生态,既是天人合一的和谐景象,也是守正创新的自觉自信。在这种原生态里,人们找到了干净的天空、清香的田野、悦耳的水响和错落的古建。

如果说,1个国家AAAAA级、13个国家AAAA级旅游景区,是婺源原生态的美丽珠串,那么这片森林覆盖率超80%的绿色土地,便是婺源原生态的华彩衣裳。婺源不事雕琢,不随波逐流,却有着"清水出芙蓉"的迷人风姿,是一个以县城命名的AAA级旅游景区。

人们来到婺源,不仅能欣赏一幅徽风赣韵的山水人文画卷,或许也在解读一种生态文明的坚守传承"秘籍"。

婺源醉美自然保护地

这种"秘籍",源于一个人,即朱子。婺源是朱子故里,千百年来,这里"读朱子之书、服朱子之教、秉朱子之礼"蔚然成风。朱子的生态伦理思想,对婺源百姓产生了深远影响。他的这种思想,并不局限于眼前,而是将人际道德在人与万物间拓展,以"天地万物一理"的生态哲学为基础,充分肯定人在人与自然协调发展中的主观能动作用,并重视生态道德的情感体验与文明实践。朱子提出的"事亲之道以事天地""视万物如己之侪辈"等生态道德观,振聋发聩,影响十分深远。其深邃宏大的思想对于今天的生态文明建设仍有着很大的启迪意义。

千百年来,在朱子生态伦理思想的教化下,婺源百姓养成了尊重自然、敬畏山水的生态自觉。如今,婺源那郁郁葱葱的水口林、那重峦叠嶂的风景林、那遮天蔽日的古樟林等,无不是受到了"事亲之道以事天地""视万物如己之侪辈"的庇佑与恩赐。

这种"秘籍",也源于一片村落,即婺源周边村落。婺源是丘陵山区,属中亚热带东南季风气候。这里地理、自然条件优越,一度是南迁氏族卜居的集中地域。为了躲避战乱,"依山阻险以自安"是人口南迁时期婺源村落选址布局的主要特征。詹显华在其《婺源古村落古建筑》一书中写道:"一般开基肇造的建村人在定居时都会种下一棵树,或樟或枫,或楠或松,或遮或彰,对村落绿化、水土保持、景观构成都起着重要作用。"婺源百姓将村落周边的一草一木、一山一水,都视为风水宝地的构成部分,悉心加以保护和培育。在古代,不少官员来到婺源,"爱其山水清淑,遂久居之,以长子孙"。放眼婺源,几乎每个村都有禁林,保留了后龙山、水口林等生态景观和自然景点,正可谓"绿树村边合,青山郭外斜"。

二

不难想象,婺源处处不险峻、不崎岖、不突兀的"秘籍",就像一把金钥匙,打开了生态文明的大门,让生活在其中的百姓,不仅"安其居",也"乐其俗"。在《朱子语类》中朱子曾说:"古时建立村庄之际，乃依堪舆家之言，择最吉星宿之下而筑之，谓可永世和顺也。"良好的居住环境有益于人们身心健康，有助于人脑效率提高。婺源享有"书乡"之美誉，也离不开山水滋养、自然滋润。时至今日，婺源拥有中国历史文化名村7个、中国传统村落30个……一个个藏风聚气的婺源古村落，孕育出了552名进士和一大批文化名家，正是"地灵人杰"的真实写照。

"落其实者思其树，饮其流者怀其源。"有生态自觉的婺源百姓，深爱着自己的生态家园。他们敢为人先，1992年在全国首创191个"自然保护小区"，获评世界发明奖。如今，婺源191个自然保护小区覆盖全县所有行政村，让分散的小面积天然林得到了有效保护，形成了自然生态型、珍稀动物型、珍贵植物型、自然景观型、水源涵养型、资源保护型等6类自然保护小区。同时，创新实施天然阔叶林十年禁伐和长期禁伐工程，将全县山林全部纳入公益林生态补偿范围，筑牢生态保护坚强堡垒，"草木蔓发，春山可望"。

"酒香不怕巷子深。"在口口相传中，自然保护地作为"部分"，成了婺源生态文明"整体"的掌上明珠。2022年1月21日，《人民日报》记者调查"人民眼·生态环境保护"专版发表推介婺源的《自然保护小区守护大自然》一文。2023年5月9日至10日，国务院发展研究中心在婺源召开生态文明建设经验交流现场会，"自然保护地"再次备受瞩目。

"良禽择木而栖。"优美的生态环境也使得婺源成了珍稀鸟类"栖居天堂"。野生鸟类的种数也不断增多。为此，婺源顺势而为，建立由鸳鸯湖片区、文公山片区、大鄣山片区和蓝冠噪鹛主要繁殖地组成的江西婺源森林鸟类国家级自然保护区，并成立管理中心，加挂婺源蓝冠噪鹛保护中心牌子，步入发展正轨，走上保护大道。这个国家级自然保护区位于婺源境内黄山、天目山、怀玉山脉与鄱阳湖盆地过渡带的丘陵山地，总面积约1.3万公顷，森林覆盖率高达93.3%。这个保护区保存有大面积中亚热带森林鸟类赖以栖息的原生性常绿阔叶林，保护对象为蓝冠噪鹛、白腿小隼、中华秋沙鸭、白颈长尾雉、野生鸳鸯

婺源醉美自然保护地

等一大批珍稀鸟类种群及其栖息地。

可想而知，成为珍稀鸟类"栖居天堂"，或许是对婺源自然保护地建设的最佳回馈与最好回报，由此也掀起了观鸟旅游热潮，兴起了观鸟旅游经济。如今，婺源成为我国35个生物多样性保护优先区域之一，是中亚热带珍稀鸟类的重要栖息地。

三

"人不负青山，青山定不负人。"良好生态本身蕴含着经济社会价值。新时代，婺源义不容辞做好"生态课题"、答好"振兴答卷"，打造全国乡村旅游及乡村振兴的示范和标杆，获评全国"绿水青山就是金山银山"实践创新基地。

创新生态入股的"篁岭古村"模式。"草木植成，国之富也。"在保护古村古建古文化的基础上，引进社会资本和本土人才，盘活闲置田地，激活生态资源，以古村产权收购、搬迁安置、古民居异地搬迁保护的模式进行村落保护与开发，以"篁岭晒秋"为核心意象，让文化与旅游在古村深度融合，擦亮"最美中国符号"。当地村民的人均年收入从过去的3500元提高到了4万元，户均年收入从1.5万元提升至16.5万元，有的家庭一年旅游收入达30万元。

构建乡村振兴的"望山生活"模式。在不破坏和不消耗自然和文化资产的前提下，引进北大教授俞孔坚团队构建乡村振兴的"严田·望山生活"模式。"严田·望山生活"以最自然的方式展示古朴村落魅力，让生态设施得以完善，传统耕作方式得以重现，乡土遗产得以保留，乡村治理秩序得以重建，促进了产业发展，带动了农民增收，成了全国市长研修学院和乡村振兴现场教学基地，受到央视《焦点访谈》专题推介。

扮靓文旅融合的"旅游升级"模式。植入文化创意、借力旅游招商、整合各方优势，探索文化与旅游深度融合，实现生态产品"美丽有新内涵"。婺女洲徽艺文旅特色小镇、天佑火车风情小镇、篁岭古村夜游等文旅项目建设成效明显；江湾梨子巷、江岭水墨梯田、云上江岭等文旅业态焕发生机活力。2022年，梦里老家景区、篁岭景区分别获评国家级、省级夜间文旅消费集聚区，江湾景区、篁岭景区入选2022年"全国非遗与旅游融合发展优选项目"名录，全县共发展AAA级以上乡村旅游点64家，数量位居全省县级之首，获评首批江西省"风景独好"旅游名县（第一名）。2023年，婺源旅游复苏形势喜人，发展势头迅猛，"五一"期间名列全国最受欢迎目的地首位。

"良好生态环境是最普惠的民生福祉。"如今，婺源20多万人口通过开办农家乐和民宿、产销农特产品、制售旅游商品等，在家门口实现了发家致富，形成了3个百栋以上的古宅民宿群（篁岭、延村、严田），拥有11个"过千"床位的旅游度假村，3300多户农家乐年均经营净收入超过10万元，5万多户茶农人均年增收2000元，城乡居民人均存款余额连续多年位居全市前列，城乡居民可支配收入4年增长70%，走上了新时代共同富裕的康庄大道。

四

"上下同欲者胜，风雨同舟者兴。"为呵护好自然保护地，婺源建立"湿地银行"，探索湿地保护制度化。对饶河源国家湿地公园的生态保育区（核心区），实行最严格的保护措施；在合理利用区内，可以适度开发建设，但须按照市场价，通过第三方评估后支付一定费用，以"湿地银行"形式反哺湿地保护。开展全省首个县级上下游生态补偿试点，与乐平市、德兴市分别签订共产主义水库水环境横向补偿协议和饶河上下游横向生态保护补偿协议，建立健全"成本共担、效益共享、合作共治"的生态补偿机制。截至2022年，婺源到位生态综合补偿试点中央预算内资金3500万元、横向流域生态保护补偿资金2600万元、国家重要湿地保护与恢复补偿资金776万元。

不仅如此，依托自然生态资源和地形地貌优势，婺源还推动体育元素融入乡村振兴战略，每年吸引40万人次体育群体前来旅游消费，带动全县增收3亿元，获评"国家体育产业示范基地"。2022年，投资30亿元的千年古城项目落户签约，投资20亿元的月亮湾艺术中心项目签约拿地，投资10亿元的月亮湾国家旅游公园、大鄣山避暑小镇、严田国际乡村度假区等项目正式开工，打造生态旅游发展新引擎，创造生态产品价值实现"加速度"。经初步核算，2020年婺源GEP总值为1012.2亿元（按当年价格计算），为当年全县地方生产总值GDP（135.3亿元）的7.5倍；其中，调节服务862.94亿元，占比高达85.25%，位居全省县级前列。

"一花独放不是春，百花齐放春满园。"借助优美的生态环境，婺源大力发展"五色"（荷包红鱼、婺源绿茶、婺源歙砚、江湾雪梨、婺源皇菊）生态产业。其中，"婺源绿茶"品牌价值达32.02亿元，茶产业年综合产值逾45亿元，带动近22万涉茶人员脱贫致富，获评"全国茶叶全产业链典型县"和首届"宝船杯"中国茶叶高质量出海地区奖金奖。

"治国有常，利民为本。"婺源坚持以习近平新时代中国特色社会主义思想为指导，深入贯彻落实党的二十大精神和习近平生态文明思想，探索生态环境高水平保护与经济社会高质量发展有机融合的"婺源之路"，做强生态文明"整体"，做优自然保护地"部分"，不断拓宽"两山"转化通道，为打造美丽中国"江西样板"贡献"婺源方案"。

（本节由吕富来执笔）

第十章

江西婺源森林鸟类国家级自然保护区

婆源森林鸟类国
家级自然保护区/
邵立忠　摄

　　婆源森林鸟类国家级自然保护区位于皖、浙、赣三省交界处婆源县境内，由文公山片区、鸳鸯湖片区、大鄣山片区三个独立的片区组成，森林覆盖率高达93.3%。

　　保护区于2016年5月成功列入国务院公布的18处新建国家级自然保护区（国办发〔2016〕33号），保护对象主要为蓝冠噪鹛、白腿小隼、中华秋沙鸭、白颈长尾雉、白鹇、蓝喉蜂虎、鸳鸯等珍稀鸟类种群及其栖息地，属于自然生物类的野生动物类型自然保护区，也是国内唯一以森林鸟类命名的国家级自然保护区。

▲
文公山/
邵立忠　摄

第一节　社会经济情况

1. 行政区域

江西婺源森林鸟类国家级自然保护区涉及7个乡镇，其中大鄣山片区涉及大鄣山乡、沱川乡；鸳鸯湖片区涉及赋春镇、镇头镇；文公山片区涉及紫阳镇、中云镇、太白镇。

2. 人口数量与分布

江西婺源森林鸟类国家级自然保护区范围内涉及7个乡镇19个村委会，其中8个村委会在保护区范围有自然村，自然村共计27个，总人口2665人，全部为汉族。其中，位于核心区的自然村1个（太白镇东岭背村），人口22人；中云镇方家庄村有部分房屋位于缓冲区，人口16人；结合婺源县的相关政策，计划所有人在2030年前逐步撤离。

3. 经济产业

保护区内及社区居民以毛竹和茶叶经营为主。毛竹经营历史悠久，现仍基本为粗放经营，近几年才开始进行部分竹类产品的加工；茶叶加工技艺精湛，每年均产出大量优质高档茶叶，特别是大鄣山有机茶系列驰名中外，畅销各地。保护区内耕地总面积4881亩，其中核心区510亩，缓冲区256亩，实验区4115亩，农业受当地小气候影响，粮食单产很低，农民人均纯收入5300元，只能基本解决温饱问题。保护区内集约经营水平低下，乡镇工业很不发达，服务饮食业、加工业等行业几乎为空白，保护区及社区许多居民到区外谋求发展。

4. 社区发展

目前，保护区及周边社区有小学11所，在职教师94人，适龄儿童入学率达到100%。有初中3所，教师42人，在校生1300余人，教育普及率76.3%。

保护区周边乡镇均有卫生院，但医疗设备、器械较简单，医疗卫生条件一般。保护区管理范围内有卫生所3所，医务人员5人。

5. 交通电信等公共基础设施

保护区内多山，交通不便，保护区外部已经形成以公路为主的交通网络。区外现有307、308省道和景（景德镇）婺（婺源）黄（黄山）高速公路、杭瑞高速婺源段、德婺高速婺源段等可与保护区连接，外部交通有景（景德镇）婺（婺源）衢（衢州）高速公路等可直通婺源。

在高铁方面，合福高铁已经于2015年开通，中间设有婺源站，每天有近30班高铁停靠婺源，北京、上海、广州以及合肥、福州、厦门、济南、天津等城市均可通过高铁直达婺源。2017年，九景衢铁路建成通车，新增婺源到衢州、九江、景德镇、武汉等往返车次，婺源成为全省唯一的两条铁路"十字交会"的县份。

在航空方面，距婺源80千米的景德镇罗家机场为4C级民用机场，可起降中小型客机，有直飞上海、深圳、北京3条航线。黄山屯溪国际机场距婺源84千米，已开通国内航班有至北京、广州、上海、合肥、重庆、厦门、西安、天津等城市的航线。上饶三清山机场距婺源144千米，已开通国内航班有至北京、青岛、深圳、佛山、成都、昆明、哈尔滨、惠州等城市的航线。

第二节　动植物资源

保护区内有温性针叶林、暖性针叶林、针阔混交林、落叶阔叶林、常绿落叶阔叶混交林、常绿阔叶林、竹林等7种植被型，森林群落结构完整，分布面积大。

法国植物学家科尔托西（F. Courtoisi）于20世纪初多次来婺源采集动植物标本。20世纪20年代，我国植物学家秦仁昌、林刚等也专程到婺源采集标本。李启和、陈策、杨祥学等在婺源采集植物标本后，发表了婺源安息香、婺源槭等一些新分类群。婺源被认为是研究中亚热带森林植被和动物资源的理想场所。

江西婺源森林鸟类国家级自然保护区最具代表性的是森林鸟类资源。保护区内野生鸟类丰富，在鸟类区系分布和中亚热带北部江南山地鸟类物种多样性方面都是典型的代表，森林鸟类多样性远远高于周边山区。栖息于常绿阔叶林的鸟种和数量都很多。

保护区内的蓝冠噪鹛是1923年法国鸟类专家曼尼格先生将里维埃（Riviere）神父1919年9月采自婺源的标本正式命名发表，2006年定为独立种，是目前地球上最稀少、最濒危的鸟类之一，在IUCN红色名录中始终被列为极危物种，种群数量不足200只，这里是该鸟类全球野生种群的唯一分布区域。

保护区内的中华秋沙鸭属国家一级保护野生动物。全球目前仅存不足5000只，已处于濒危状态，被IUCN红色名录列为易危鸟类。江西是目前已知中华秋沙鸭越冬数量最多的省份，其中在婺源越冬的种群数量稳定在60只左右。

保护区内的白腿小隼属国家二级保护野生动物。该种极为罕见，被列入CITES，限制其国际贸易。婺源种群数量稳定在200只左右。

保护区内的鸳鸯属国家二级保护野生动物。婺源是全国乃至世界最大的鸳鸯越冬地，种群数量超过2000只。同时，蓝冠噪鹛与鸳鸯一起被列入《中国大陆重要自然栖息地——重点鸟区》。可喜的是，区内不断有新记录发现。极危的海南虎斑鳽、青头潜鸭和凹耳蛙、黄山角蟾等均是在婺源保护区内新发现的。

第三节　保护管理

江西鸳鸯湖自然保护区于1993年成立，1997年晋升为省级自然保护区，是我国乃至世界最大的野生鸳鸯越冬种群，被海内外媒体誉为"生态奇观"。文公山为朱子故里，自宋代以来就一直受到当地的保护，2000年划建为县级自然保护区。2003年建立的大鄣山县级自然保护区内动植物资源尤为丰富。婺源县委、县政府在原有鸳鸯湖省级自然保护区的基础上，从2009年开始整合县域内的大鄣山县级自然保护区、文公山县级自然保护区，于2016年5月获国务院批复设立江西婺源森林鸟类国家级自然保护区。

2018年3月10日，经上饶市委编办同意设置江西婺源森林鸟类国家级自然保护区管理中心，为婺源县林业局管理的副科级事业单位，配副科级干部职数1名。婺源县编委于2018年3月31日下发《关于同意设置江西婺源森林鸟类国家级自然保护区管理中心的通知》，管理中心内设办公室、保护管理股、科研监测股3个职能股室；下设鸳鸯湖、大鄣山、文公山3个管理站。核定管理中心全额拨款事业编制45名，现有在编干部职工25名。

2018年，婺源森林鸟类国家级自然保护区按照上级勘界立标工作要求，委托上饶市林业调查规划院完成了保护区界限以及实验区、缓冲区、核心区等"三区"边界核定工作，绘制了1：10000功能区划图，编制了1：50000电子矢量图。2019年8月完成了界桩和功能区桩的布设，共安装界碑6块，界桩198块，功能区桩235块，在部分人为活动频繁区域设置了警示牌和宣传标牌。

第四节 科研监测结果

一、监测数据及分析

1. 黑麂专项调查监测

种群密度 在开展的野生动物红外相机监测中，每台红外相机单次拍摄到黑麂的最大个体数量为2只，最小数量为0只；标志个体数量为15只，重捕个体数量为7只，有效相机数量59个，因此黑麂种群数量为 $N=15×59/7≈126$ 只，种群数量的95%置信区间为62～190。

活动节律 黑麂存在2个活动高峰，分别是7：00—8：00和17：00—18：00，属于典型的晨昏型物种。在2：00—4：00和21：00—22：00存在2个明显的活动低谷。

2. 亚洲黑熊专项调查监测

监测结果 在监测期间，红外相机只在大鄣山片区拍摄到了亚洲黑熊，在鸳鸯湖和文公山片区还未发现。在12台相机中拍摄到亚洲黑熊的图片影像，来自大鄣山片区8条样线的有4条。大鄣山片区的箭源（JY）线14台相机中有6台拍摄到了亚洲黑熊，鼻孔梁（BKL）线有3台拍摄到了亚洲黑熊，东面沟（DMG）线有2台拍摄到了亚洲黑熊，徐口坑（XKK）线有1台拍摄到了亚洲黑熊。这表明江西婺源鸟类国家级自然保护区的亚洲黑熊主要分布于大鄣山片区，当地的生境适宜亚洲黑熊的繁殖和生存。

种群密度 在开展的野生动物红外相机监测中，每台红外相机单次拍摄到亚洲黑熊的最大个体数量为2只，最小数量为0只；标志个体数量为17只，重捕个体数量为11只，有效相机数量59个，因此亚洲黑熊种群数量为 $N=17×59/11≈91$ 只，种群数量的95%置信区间为

62～190。

活动节律　亚洲黑熊主要集中在白天活动，在8：00—9：00和14：00—15：00存在两个活动高峰。夜间活动强度明显减少。

3. 中华秋沙鸭专项调查监测

对在江西婺源森林鸟类国家级自然保护区文公山片区星江河流域石枧、渡头河段越冬栖息的中华沙秋鸭，每年进行定期调查监测，具体信息见表10.1。

表10.1　　中华秋沙鸭专项调查监测数量

年　度	珍稀鸟类名称	监测数量（只）
2020—2021年	中华秋沙鸭	26
2021—2022年	中华秋沙鸭	29
2022—2023年	中华秋沙鸭	32

4. 白颈长尾雉专项调查监测

在开展的野生动物红外相机监测中，有17台相机拍摄到白颈长尾雉，其中11台来自于文公山片区、3台来自鸳鸯湖片区、3台来自大鄣山片区。在文公山片区的5条样线中，有3条都拍摄到了白颈长尾雉。文公山片区的茅岭（ML）线有4台相机拍摄到白颈长尾雉，文公岭（WGL）线有6台相机拍摄到白颈长尾雉，玉坦（YT）线有1台相机拍摄到白颈长尾雉。鸳鸯湖片区一共3条样线，每条样线各有1台相机拍摄到白颈长尾雉。大鄣山片区的8条样线中只有3条拍摄到白颈长尾雉，分别是大坑（DK）线、徐口坑（XKK）线和鼻孔梁（BKL）线。这表明江西婺源鸟类国家级自然保护区分布着相对较多的白颈长尾雉，当地的生境适宜白颈长尾雉的繁殖和生存。

5. 豹猫专项调查监测

在开展的野生动物红外相机监测中，有53台红外相机拍摄到了豹猫，在保护区内相机捕获率高达47.7%，表明豹猫在保护区内分布相对较广，主要分布在大鄣山和文公山片区。大鄣山有19台相机拍摄到了豹猫，文公山有34台相机拍摄到了豹猫，在鸳鸯湖片区尚未发现豹

言坑古枫林/
毕新丁 摄

猫踪迹，这在一定程度上反映出文公山豹猫相对较多。大鄣山的6条样线及文公山的5条样线均拍摄到了豹猫。

6. 重点植物长序榆、鹅掌楸、婺源兔儿风种群监测

完成保护区内长序榆、鹅掌楸和婺源兔儿风调查，进一步明晰保护区内 3 种重点植物资源状况（包括种类、数量、分布情况等），分别设置种群监测固定样地，从种群生态学方面进行监测和研究，掌握种群密度、年龄结构、出生率和死亡率等种群数量特征及空间分布格局。通过监测，了解种群自组织、自调节的能力，分析致濒的主要因素，提出合理的保护策略。

二、科研监测结果

保护区积极开展蓝冠噪鹛种群繁育研究，牵头与南昌动物园开展蓝冠噪鹛迁地保护，成功建立了蓝冠噪鹛人工种群，实现人工饲养条件下的成功繁育。与中国科学院动物研究所联合开展"蓝冠噪鹛调查与保护成效评价"研究，和北京林业大学生态与自然保护学院合作开展《蓝冠噪鹛种群及栖息地现状调查与评估》。成立"婺源蓝冠噪鹛保护中心"，与江西婺源森林鸟类国家级自然保护区管理中心合署办公，开展蓝冠噪鹛野外救护、人工繁育（扩大种群数量）以及相关保护研

婺源醉美自然保护地

究工作。

和江西武夷山国家级自然保护区共同开展了"赣东北主要山地黄腹角雉等濒危雉类及其大中型兽类资源调查"项目。大鄣山片区关于猕猴的记录填补了赣东北山地分布物种的空缺。

保护区和浙江自然博物馆、浙江省森林资源监测中心等共同负责的大鄣山片区，发现了菊科兔儿风属—新种——婺源兔儿风。

三、近三年已结题的成果

保护区内近三年已结题的成果见表10.2。

表10.2 近三年已结题的成果

序号	成果名称	实施单位及完成时间	成果鉴定及获奖情况	备注
1	珍稀鸟类及旅游影响监测项目	东华理工大学自然保护地规划研究院 2019—2020年		开展蓝冠噪鹛、白颈长尾雉、鸳鸯种群基本现状调查，开展白颈长尾雉、鸳鸯种群调查监测
2	保护区珍稀植物种类与分布研究	江西农业大学林学院 2019—2020年		保护区珍稀植物种类及分布调查，发现长序榆、榉树、毛红椿等3种国家二级保护野生植物保护区新记录
3	兰科资源专项调查	深圳市兰科植物保护研究中心 2020—2021年		江西省兰科新记录种短距槽舌兰
4	大鄣山片区野生动物红外相机监测	江西师范大学生命科学学院 2020—2021年		

序号	成果名称	实施单位及完成时间	成果鉴定及获奖情况	备　注
5	固定样地调查	上饶市林业科学研究所 2020—2021年		
6	赣东北主要山地黄腹角雉等濒危雉类及大中型兽类资源调查	与江西武夷山国家级自然保护区共同开展 2020—2021年		江西武夷山国家级自然保护区项目
7	保护区天女花专项调查	与中国林业科学院林业所共同开展 2021年		中国林业科学院林业所项目
8	蓝冠噪鹛调查与保护成效评价	与中国科学院动物研究所合作开展 2019—2021年		中国科学院动物研究所项目
9	蓝冠噪鹛种群及栖息地现状调查与评估	与北京林业大学生态与自然保护学院合作开展 2020—2021年		北京林业大学生态与自然保护学院项目
10	野生动物红外相机监测项目	中国林业科学研究院湿地研究所 2021—2022年		

婺源醉美自然保护地

序号	成果名称	实施单位及完成时间	成果鉴定及获奖情况	备　注
11	鸟类、苔藓、蕨类调查等生物多样性监测	江西师范大学生命科学学院2021—2022年		
12	兰科植物物种多样性调查	深圳市兰科植物保护研究中心2021—2022年		
13	霍山石斛野外回归与监测研究	深圳市兰科植物保护研究中心2020—2022年	①《珍稀濒危物种霍山石斛的濒危机制、繁育研究与回归监测》成果获得第六届江西林业科技三等奖；②中国野生植物保护协会兰花专业委员会推介"濒危物种霍山石斛保育与回归研究"成果	国家林业和草原局野生动植物与自然保护管理司、中国野生植物保护协会、福建农林大学、江西省野生动植物保护中心等单位在保护区召开"霍山石斛调查和回归监测实验阶段性成果现场汇报会"
14	兰科植物种质资源圃	深圳市兰科植物保护研究中心、南昌大学生命科学学院2019—2022年	与深圳市兰科植物保护研究中心合作共建"兰科植物保护与利用国家林业和草原局重点实验室婺源监测站"	在保护区大鄣山片区东边源规划建立面积200亩的兰花谷，监测兰科植物生长状况、遗传结构，开展生态学、遗传学等系统研究
15	固定样地调查	上饶市林业科学研究所2021—2022年		

四、国内和省内新发现物种

保护区内新发现的物种见表10.3。

表10.3 保护区内新发现的物种

序号	物种名称	科属	新种、新记录种情况	鉴定或论文发表情况	备 注
1	婺源兔儿风	菊科兔儿风属	新种	《广西植物》2020年第40卷第1期	与浙江自然博物馆、浙江省森林资源监测中心等共同在保护区大鄣山片区发现
2	尖叶栎	壳斗科栎属	江西省新记录种	《南方林业科学》,2019年2月	
3	短距槽舌兰	兰科槽舌兰属	江西省兰科新记录属、新记录种	《南方林业科学》,2023年4月	深圳市兰科植物保护研究中心在开展保护区兰科植物调查时发现
4	中国瘰螈	蝾螈科瘰螈属	江西省新记录种	2022年11月	江西省林业科学院湿地草地团队在开展保护区两栖爬行动物调查监测时发现,国家二级保护动物
5	叽喳柳莺	莺科柳莺属	江西省新记录种	2021年8月	在保护区鸟类调查监测中发现
6	朱鹮	鹮科朱鹮属	江西省新记录种	2023年3月	属于钱江源国家公园实施南方朱鹮种群重建项目,朱鹮野化放归后易地迁徙而来,国家一级保护动物

第五节　社区共建研究

近年来，保护区支持社区发展毛竹、茶叶等绿色产业，保护区内茶叶、笋干、森林药材、有机农产品等产业发展势头较好，已成部分社区居民的主要收入来源。保护区积极尝试和山水自然保护中心、厦门大学"古法农耕"等开展合作，支持社区保护地发展，带动当地特色农产品销售。引导郵山村村民对高山有机茶进行深加工和利用，户年均增收3000元以上。积极发展环境友好型的绿色生态产业，如有机茶、蜂蜜、林下经济等，实现"不砍树、能致富"的目标。积极申报婺源山蜡梅为国家地理标志产品，带动保护区山蜡梅叶的采摘与销售。树立农产品品牌意识，推广"鸳鸯米""蓝鹛茶"等，坚持有机无公害的生产方式，以自然系统为基础实现生态价值、应对气候变化，创建人与自然和谐共处的范例，动员社会各界力量，留住美好自然。

积极培育新的经济增长点，如森林旅游、森林康养、观鸟旅游等，利用武夷山国家森林步道婺源段开展森林徒步等，利用优美的生态环境带动地域经济发展，有效缓解了保护与发展的冲突，使保护区与社区群众的利益得到统一，保证生态保护事业走向良性循环的道路。

（一）蓝冠噪鹛生态社区研究

2017年，以清华同衡规划设计研究院为主体的蓝冠噪鹛生态社区课题组成立，经过持续5年的乡村生态社区跨界研究，在保护区的积极参与和推动下，和基层社区原住民建立互信关系，与印心自然教育科学中心、自然之友野鸟会、林奈实验室、口袋精灵等公益保护与自然教育机构合作，广泛召集公众志愿者，初步建立了以蓝冠噪鹛、白腿小隼、中华秋沙鸭生态社区为主体的公众参与生态社区公益营造计划的技术路径。

蓝冠噪鹛生态社区基于乡村社区生物多样性保护的基础研究成果，

以国土空间规划的视野，通过清华同衡责任规划师的乡村社区实践，将全域旅游、乡村振兴、生态保护、智慧社区、创意设计形成五位一体的保护性研究规划的技术路径，寻找政府、企业、原住民之间的共赢发展策略。

（二）"两山论"理念下自然保护区"区乡联动"生态友好型森林康养模式研究

自然保护区执行严格的生态保护政策，分区、分类进行控制，在一定程度上限制了当地村庄对自然资源的利用，乡村经济发展滞后，保护区与乡村的矛盾（资源保护与利用、土地权属与权益、文化冲突及政策冲突等）随之加剧。乡村的经济发展、村民提高生活水平的诉求与生态保护之间产生尖锐矛盾，偷猎、偷伐，滥用农药等现象时有发生，同时村庄经济发展缓慢，村庄衰败，村民离开故土向外谋求出路，空心村大量出现。这种矛盾在不少山区村庄都存在，但在自然保护区尤为突出。这也倒逼林业产业结构升级转型，迫切需要一种绿色发展模式，在满足保护区生态环境保护的同时，让发展的红利惠及普通村民，使村民在获得感中更加主动地保护环境，形成绿色的生活方式和发展方式，在人与自然和谐共生中实现乡村振兴。

保护区与江西农业大学林学院、城乡规划设计研究所合作，从2019年开始进行森林康养模式研究，申报了2020年婺源县社会科学规划课题、2021年度上饶市经济社会发展和哲学社会科学课题，形成了《婺源森林鸟类国家级自然保护区森林康养规划》，并参加第二届全国林业草原创新创业大赛，入围南京林业大学分赛点半决赛。

（三）统筹国家级自然保护区生态公益林差异化补偿资金、中央财政林业国家级自然保护区补助项目资金用于社区共建

根据江西省财政厅、江西省林业局相关文件精神，从2019年起，

婺源醉美自然保护地

国家级自然保护区内的生态公益林实行差异化补偿，按5元/亩的补助标准增加安排差异化补偿资金，由国家级自然保护区管理机构负责拨付给林权所有者，保护区每年下拨资金74万余元。

根据《村民委员会组织法》的规定，按照"一事一议"原则，保护区内社区召开村民大会或村民代表大会形成决议，将大部分生态公益林差异化补偿资金拨付到集体账户，用于村集体基础工程建设或公益事业。采用报账制形式，公开透明使用生态公益林差异化补偿资金。

每年安排一定的中央财政林业补助专项资金，用于保护区内道路修复、裸露地生态修复等，2019年在保护区内修复道路28.3千米，2020年修复道路33.5千米。加大对社区共建的投入，筹集资金帮助社区建设生产生活用桥、改造自来水、增设路灯等，得到了社区群众的好评。

（四）开展保护区观鸟旅游实践与研究

保护区积极参与观鸟旅游的实践与研究，筹办了江西省野保协会观鸟专业委员会成立大会，承办2021年中国婺源首届观鸟节系列活动。申报2019年婺源县社会科学规划课题，形成了《婺源观鸟旅游品牌深度开发研究》。推动了观鸟与研学的结合，积极在长源村、晓林村等开展观鸟研学活动。

（五）开展护农狩猎

针对野猪等危害农作物已成为农业公害的情况，积极开展野猪种群调控工作，组织婺源振飞狩猎社开展猎捕野猪的护农狩猎活动，维护农民的利益。

（六）生态旅游

婺源是"中国最美乡村"，是文化与生态旅游示范县，2019年被正式认定为国家全域旅游示范区。保护区内以丰富的自然景观资源为依托，以生态、社会、经济三大效益为宗旨，通过统一规划、适度的景点开发和旅游服务设施建设，突出地方性、天然性、科学性和实用

性，坚决贯彻以旅游促发展、发展促保护的方针，增强保护区自我发展能力，促进保护事业的健康发展，并进一步建设成生态旅游示范区。

保护区现有鸳鸯湖、大鄣山卧龙谷、文公山3个国家AAAA级景区及月亮湾及渡头观鸟区、文公山里降边森林康养基地等。

（本章第一至五节由杨军执笔）

第六节　婆源人与蓝冠噪鹛的"人鸟情"

2023年10月11日下午，习近平总书记来到婆源县秋口镇王村石门自然村。这里是饶河源国家湿地公园的中心区，也是极度濒危鸟类蓝冠噪鹛自然保护小区，植被多样、生态良好。蓝冠噪鹛是野生种群、群居鸟类，仅存于婆源的珍稀鸟类，目前种群数量仅250余只。IUCN红色名录将蓝冠噪鹛列为极危鸟类。

1919年，蓝冠噪鹛首次被发现后便一直销声匿迹。2000年，它们在婆源重新被发现，引起世界轰动。2021年版《国家重点保护野生动物名录》将蓝冠噪鹛列为国家一级保护野生动物，堪称"鸟中大熊猫"。

蓝冠噪鹛是生态环境"试金石"，对栖居环境有着极为苛刻的要求。那么，婺源人与蓝冠噪鹛有着怎样的"人鸟情"呢？

万事万物之间都是有联系的。透过婺源生态环境，我们似乎触摸到了一股温润的文化潜流，就是朱子理学思想。作为朱子故里，婺源生态文明离不开朱子理学思想的浸润和启迪。如果说，传播"朱子家训"、建立"朱子讲堂"等崇文重礼之举，是婺源百姓传承千年的"文化基因"，那么，朱子倡导的"万物一体""中和之道"等生态伦理思想，则是婺源人民延续千载的"生态基因"。

若要举一些事例，那么，有"一棵树"和"一只鸟"可以说明朱子生态伦理思想对婺源百姓生态自觉的深远影响。

"一棵树"，就是婺源文公山"杉木王"。

南宋淳熙三年（1176）春，朱子第二次回婺源省亲扫墓，他爬上九老芙蓉山尖，在朱氏四祖朱惟甫之妻程氏豆蔻娘墓地周围，依八卦方位种植了24棵杉树，寓"二十四孝"之意。朱子殁后，宋宁宗赵扩谥其为"文公"，当地百姓遂将九老芙蓉山改称为"文公山"。为了表达对朱子的崇敬，人们还在山上建了一个积庆亭，并立禁碑"枯枝败叶，不得挪动"，官府还派兵员守护山上坟茔和参天林木。如今，朱子栽植的古杉木，虽树龄近九百年，但长势依然旺盛，枝叶繁茂、挺拔葱茏。历经千年岁月沧桑，山上存活完好的16棵古杉木中最高者达38.7米、胸围最粗者有3.07米，被誉为"杉木王"和"江南杉王群"。

1986年，知名学者王世襄先生在参观了文公山后，敬填《望江南》词称赞道："婺源好，乔木见人文。一亩偃柯低覆地，十寻直干耸凌云，树以晦翁尊。"

朱子的生态伦理思想，并不局限于眼前，而是以"天地万物一理"的生态哲学为基础，充分肯定人在人与自然协调发展中的主观能动作用，并重视生态道德的情感体验与文明实践。朱子提出的"事亲之道以事天地""视万物如己之侪辈"等生态道德观，对于今天的生态文明建设仍有着很大的启迪。在朱子生态道德观的教化下，婺源百姓养成了尊重自然、敬畏山水的生态自觉。婺源郁郁葱葱的水口林、重峦叠嶂的风景林、遮天蔽日的古樟林等，无不是受到了"事亲之道以事天地""视万物如己之侪辈"的庇佑与恩赐。

朱子，不仅是生态文明"传播者"，也是生态文明"践行者"。足迹所及之处，他都带头植树造林。受"朱子植树"影响，在婺源民间风俗中，无论是建村、筑屋，还是生人、生日、成人、结婚，甚至亡人、扫墓等，都有植树纪念的传统做法，以至于留下了"一棵古树就是一道景观"的生态财富，丰富了"前人种树、后人乘凉"的生态内涵。

聚族而居是婺源古村落的显著特征，依山傍水是婺源古村落的基本格局。千百年来，婺源留下了一处处天人合一的景观村落和一片片精美绝伦的村庄水口林，秋口镇石门村就是其中的典型代表。婺源村庄水口林绝不允许砍伐，"树养人丁水养财""护树即是护村护人"。不仅水口林，甚至村庄溪河两岸也只许植树造林，不准随意砍伐。即便今日，婺源也永久禁伐天然阔叶林，坚守"人与自然和谐共生"之道，生态文明一脉相承。

"栽下梧桐树，引得凤凰来。"有了树，婺源也成了世界珍稀森林鸟类的天堂。其中，有一只可爱的小精灵，便是朱子生态伦理思想的生动注脚。

这只鸟，即为蓝冠噪鹛。

婺源，是蓝冠噪鹛栖息地。它们的主要栖息点位于秋口镇石门村的一片绿汀上。这里有一片风景绝佳的水口林：清澈溪流环抱着参天的天然常绿阔叶林，林深树密、倒影成景、清静幽雅。"良禽择木而栖"，蓝冠噪鹛将碗状鸟巢筑在樟树、枫香树、苦槠树等大树偏离主干的枝梢间，当起"隐士"。它们喜食昆虫，也吃蚯蚓、野生草莓、野杉树籽等。它们还特别爱洗澡，天生喜爱与水亲近。而这里的"自然财富"精准满足了蓝冠噪鹛的"身心需求"，可谓天赐良缘。由此，蓝冠噪鹛成了婺源的"生态名片"和生态文明"代言人"。

按理说，石门村并非"桃源"，似乎是个"闹市"。那么，这个"闹市"为何能吸引蓝冠噪鹛的"挑剔目光"呢？

石门村的制胜法宝，在于受朱子生态道德观潜移默化的熏陶和教育，让生态文明深入人心，让婺源全域成了一个文化生态大公园。这个大公园，成了国家生态文明建设示范县、国家重点生态功能区、中国天然氧吧，获评中国人居环境范例奖等，也让蓝冠噪鹛更有安全感、眷恋心。这只可爱的小精灵，在全球"大海捞针"，最终看中了婺源；它在全球"大浪淘金"，最终选择了婺源……

蓝冠噪鹛小巧玲珑、天生丽质：蓝灰色的顶冠、黑色的眼罩、鲜黄色的喉部、褐色的上体、黑色的尾端、白色的边缘……俨然是个天然"调色板"，色彩丰富而层次分明，清新活泼、惹人喜爱。这种可爱的小精灵，天生具有艺术家的气质和美人的风度。因其形态特征，人们一度称它为"黄喉噪鹛"。2017年，《中国鸟类分类与分布名录（第三版）》将其中文名定为"蓝冠噪鹛"，成为通用名称，受到学界认可。

2001年，世界自然基金会把婺源蓝冠噪鹛自然保护小区建设列入中国珍稀物种保护小型基金项目。2016年，婺源星江河部分流域（石门村）及其分叉支流的湿地生态系统和周边滩涂地、部分山林地一道获评饶河源国家湿地公园。作为蓝冠噪鹛的重要栖息地，饶河源国家湿地公园成了婺源对外展示的窗口和名片。当地百姓还成立了蓝冠噪

▲
文公山林中大道/
杨军　摄

江西婺源森林鸟类国家级自然保护区

第十章

鹛志愿护鸟队，打造了蓝冠噪鹛科普馆、湿地公园研学基地、樱花休闲步道等一批生态景观。这样的生态自发自觉之举，让蓝冠噪鹛愈发向往婺源、爱上婺源。

继秋口镇石门村之后，太白镇曹门村也成了蓝冠噪鹛的"安乐窝"。这群小精灵的到来，也让曹门村声名鹊起，勾起了无数"鸟友"迷恋的目光。石门村、曹门村，"一扇门"在婺北、"一扇门"在婺南。这"一扇门"，就是一种情缘、一份情谊。这种敞开着的生态之门，是对"有朋自远方来，不亦乐乎"的美丽解说。

在婺源，蓝冠噪鹛总能找到繁衍生息之"门"。"门内门外"青山透迤而绿水荡漾，四季如画而清净纯朴。

人不负青山，青山定不负人。

婺源，既然能为蓝冠噪鹛提供"安乐窝"，那么，当地百姓自然也不愁温饱问题了：有了石门汀洲，方圆十里成了科普研学基地；有了湿地公园，"撒网"的渔翁成了"模特"；有了蓝冠噪鹛，带动百姓吃上了"观鸟饭"；更不用说，农家乐、林家乐、茶家乐，带动了百姓"洗脚上岸"；摄影驿站、写生之乡、观鸟基地，带动了百姓"就地就业"……在这里，无须任何浮华的语言，就能诠释"绿水青山就是金山银山"的生动内涵。

透过婺源人与蓝冠噪鹛的"人鸟情"，我们似乎领悟到：有一种力量，不受时空限制；有一种坚守，不受地域相隔……

（本节由吕富来执笔）

附　录

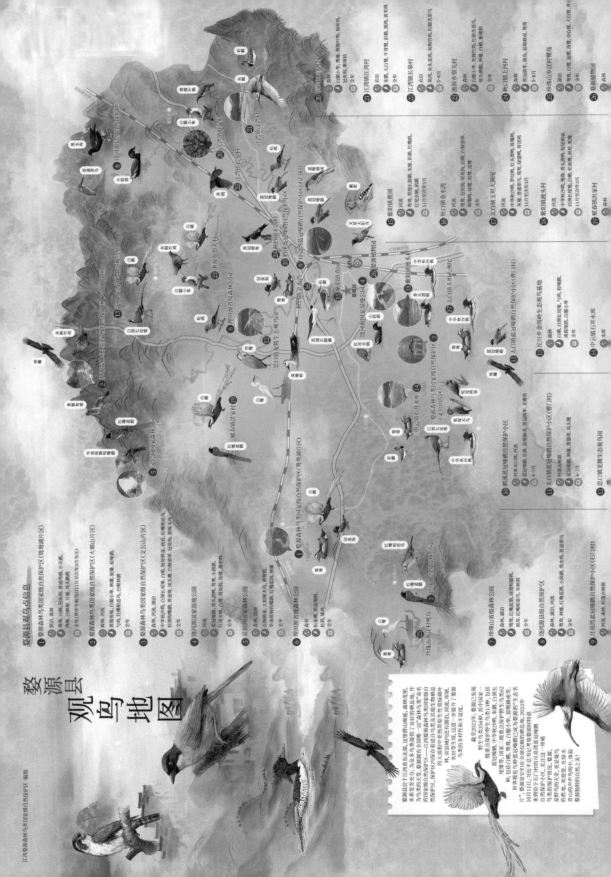

婺源县观鸟地图

文明观鸟守则

1. 请穿着与环境色调接近的服装
2. 请勿近距离使用拍照拍摄，以防惊吓鸟类
3. 保持安静并保持合适的观鸟距离
4. 不要采用投食、驱使鸟等手段诱引鸟类
5. 不要惊扰着巢期的鸟
6. 请勿随意的鸟巢，可使用电专业拍照拍鸟类
7. 夜观时勿用闪光灯直接照射鸟类
8. 进入山林，严禁明火

① 蓝冠噪鹛 *Pterorhinus courtoisi*

1919年法国传教士Arnous Rivière在婺源首次发现之后的鸟类声明。此种在茂密的竹林或遇地之中，繁殖一度发现

- 食性：昆虫，植物
- 24~25厘米
- 国家一级保护野生动物
- 全年

② 鸳鸯 *Aix galericulata*

鸳鸯分布在我国中部大部地区大部分物种婺源有繁

- 食性：昆虫，植物
- 41~51厘米
- 国家二级保护野生动物
- 11月至次3月

③ 中华秋沙鸭 *Mergus squamatus*

属留鸟在婺源可是婺源越冬鸟的经见鸟类

- 食性：鱼类
- 49~64厘米
- 国家一级保护野生动物
- 11月至次年3月

④ 白腿小隼 *Microhierax melanoleucos*

体型娇小羽林风风味环林的白羽"小恐龙"

- 食性：昆虫，鸟类
- 15~19厘米
- 国家二级保护野生动物
- 全年

⑥ 短尾鸦雀 *Paradoxornis davidianus*

- 食性：昆虫，植物
- 9.5~10厘米
- 国家二级保护野生动物
- 全年

⑦ 蓝喉蜂虎 *Merops viridis*

色彩鲜艳的小鸟，身有蓝子来婺源繁殖的后代

- 食性：昆虫，鸟类
- 21~32厘米
- 国家二级保护野生动物
- 4~7月

⑧ 黑冠鸦隼 *Aviceda leuphotes*

常见繁殖在枝繁林间的"小猛禽"

- 食性：昆虫
- 28~35厘米
- 国家二级保护野生动物
- 4~9月

⑩ 白颈长尾雉 *Syrmaticus ellioti*

栖息于保存得较好的森林或竹林地带的地上

- 食性：植物，昆虫
- 81~90厘米
- 国家一级保护野生动物
- 全年

既爱林鸟，又观候鸟！婺源观鸟路线大推荐

冬季，以成群的蓝冠噪鹛为代表的林鸟以是人观赏鸟候鸟，这个冬鸟以婺源观鸟主要明了秋冬是正旺季，以中华秋沙鸭为代表的越冬水禽纷纷到来，此时的婺源是观鸟的绝好时机。正在不同季节，选择不同的观鸟路线发现吧！

1. 蓝冠噪鹛寻梦之旅

目标鸟种：
蓝冠噪鹛、蓝喉蜂虎、黑冠鸦隼、白腿小隼、画眉等
片上具类喜临婺源（石门）、水岭地区 13765397187
蓝冠池寻（石栗类）、水岭地区 13765397187
蓝冠池寻 水岭地区、蓝冠地寻13607935546
蓝冠类路径 蓝冠类林村村 13757339043
最佳时间：每年4~7月
建议交通：2天

2. 芒虎鸡源山水之约

目标鸟种：
中华秋沙鸭、鸳鸯、青头潜鸭、冠鱼狗、蓝翡翠等
小天鹅、鸳鸯、白琵鹭、苍鹭白鹭、白鹭鹭、普通鸬鹚等
婺源石门村水（江石门）、婺源石门1525039222
婺源芒虎村水（江石门）、利用建1527067538
之江源（江水村）、车路建13767339343
婺源江山源（云溪）、王源1827967538
婺源江山林源（云溪）、婺源181713088444
最佳时间：每年11月至次年3月
建议交通：2天

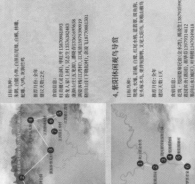

3. 明星鸟种找野寻踪

鸳鸯、白腿小隼、白颈长尾雉、白鹇、林雕、
黑水鸡、小䴙䴘、骨顶鸡等鸟种
最佳时间：全年
建议交通：2天

4. 寨阳休闲观鸟导赏

鸳鸯、翠鸟、苍鹭、白鹭、红尾水鸲、蓝翡翠、
黑水鸡、小䴙䴘、普通秧鸡等鸟种
最佳时间：全年
建议交通：1天

一、饶河源国家湿地公园荣誉

江西婺源饶河源国家湿地公园自建设以来，先后被上饶市绿化委员会评为"先进湿地公园""十大森林生态文化示范基地"，被江西省林业厅评为"林业生态文化示范教育基地"，被江西省发改委评为"江西省生态文明示范基地"。

2016年10月，江西婺源饶河源国家湿地公园获得"中国森林氧吧"称号。

2020年3月16日，江西婺源饶河源国家湿地公园被国家林业和草原局列入国家重要湿地名录。

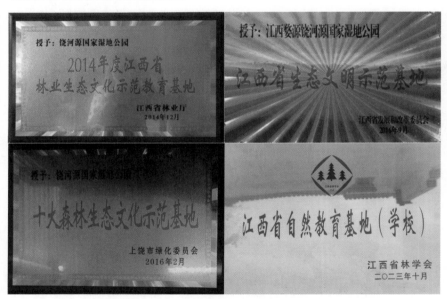

2022年5月5日，江西婺源饶河源国家湿地公园入选2022年国家级自然公园。

2023年2月，江西婺源饶河源国家湿地公园被上饶市科学技术协会授予"上饶市科普教育基地"称号。

2023年10月，江西婺源饶河源国家湿地公园被江西省林学会授予"江西省自然教育基地（学校）"称号。

二、森林鸟类国家级自然保护区荣誉

2016年8月，婺源森林鸟类国家级自然保护区工作人员杨军获评第三届江西林业科普人物奖。

2019年7月，婺源森林鸟类国家级自然保护区"中亚热带森林的100种生命脉动"荣获第四届江西林业科普奖（科普活动类）。

2019年12月，婺源森林鸟类国家级自然保护区被江西省科协授牌江西省科普教育基地。

2020年12月，婺源森林鸟类国家级自然保护区《婺源野鸟新编》荣获第五届江西林业科普作品奖。

2021年6月15日，婺源森林鸟类国家级自然保护区《江西红壤区雷竹高效经营和春笋深加工技术创新与应用》获2020年度江西省科学技术进步三等奖。

2021年12月24日，婺源森林鸟类国家级自然保护区《珍稀濒危物种霍山石斛的濒危机制、繁育研究与回归监测》获得第六届江西林业科技三等奖。

2022年10月，婺源森林鸟类国家级自然保护区工作人员杨军入选国家林业和草原局第一批"全国最美林草科技推广员"。

2022年12月，婺源森林鸟类国家级自然保护区被江西省林学会授予"江西省自然教育基地"称号。

2022年12月，《江西婺源森林鸟类国家级自然保护区百鸟图集》获得2022年江西省林业科普二等奖（作品类）。

2022年12月，婺源森林鸟类国家级自然保护区"飞羽学校"自然教育活动获得2022年江西省林业科普奖（科普活动类）。

2022年12月30日，婺源森林鸟类国家级自然保护区《毛竹冬笋高效培育技术示范与推广》获得2022年江西省林业科技推广一等奖。

2022年12月30日，婺源森林鸟类国家级自然保护区《木姜叶柯快繁矮化及甜茶加工技术推广示范》获得2022年江西省林业科技推广三等奖。

2023年6月，婺源森林鸟类国家级自然保护区被江西省林业局、江西省科技厅、江西省科协联合命名为江西省首批林业科普基地。

2023年7月9日，婺源森林鸟类国家级自然保护区被中国林学会授予"全国自然教育基地"称号。

2023年8月16日，婺源森林鸟类国家级自然保护区被中国农村专业技术协会授予"中国农技协江西婺源霍山石斛科技小院"称号。

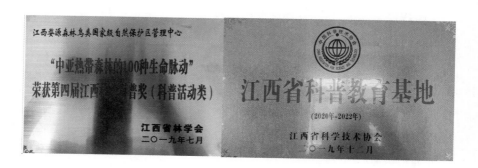

三、灵岩洞国家森林公园荣誉

2017年4月，江西省林业厅公布了省内6处省级示范森林公园名单，婺源县灵岩洞国家森林公园榜上有名，成为首批被认定的省级示范森林公园。

2023年9月，灵岩洞国家森林公园荣获"上饶市中小学生研学实践教育基地"称号。

四、在婺源召开生态文明建设经验交流现场会

2023年5月9日至10日，国务院发展研究中心"学习贯彻习近平新时代中国特色社会主义思想以深化调查研究推动解决绿色发展难题"暨生态文明建设调研基地交流现场会在婺源召开，国务院发展研究中心党组成员、副主任隆国强出席会议并作主旨报告，江西省政府党组成员秦义致辞，国务院发展研究中心资源与环境政策研究所所长高世楫主持会议，江西省政府副秘书长李能，江西省发改委副主任刘兵出

席会议，上饶市委副书记、市长邱向军致辞，上饶市政府副市长郭峰，上饶市政府秘书长毛祖宾出席会议，婺源县委书记徐树斌致辞，婺源县领导周华兵、杨威、戴有彬出席会议或陪同调研。

会上，隆国强作了题为"不断深化调查研究 推动解决绿色发展难题"的主旨报告。他指出，调查研究是我们党的传家宝，我们要学习习近平总书记关于调查研究的重要论述，训练走基层的脚力、训练看问题的眼力、训练谋发展的脑力、训练承载思想的笔力，不断提高调查研究能力。

隆国强强调，要深入开展好调查研究，深入调查经济发展和生态环境保护的复杂关系，找到统筹发展和保护的对策；深入调查广大人民群众反映突出的生态环境问题，不断满足群众对美好生态环境的需要；深入调查绿色发展机制建设，研究碳交易等绿色发展市场机制；建好用好生态文明建设调研基地，深入调查总结绿色发展经验，将成熟的做法提炼上升为绿色发展政策和制度。

秦义在致辞中说，近年来，江西把生态环境摆在更加突出的位置，坚持走生态优先、绿色发展之路，扎实推进国家生态文明试验区建设，坚决打好污染防治攻坚战，大力实施长江经济带共抓大保护的攻坚行动，深化城乡环境综合治理，打造美丽中国的江西样板取得了明显成效。我们将以此次研讨会为契机，积极学习借鉴兄弟省份的好经验好做法，更加积极主动地在推动解决绿色发展难题上多做探索、勇于创新，进一步提升我省绿色发展和生态文明建设水平。

邱向军在致辞中简要介绍了上饶经济社会发展情况。他说，近年来，上饶围绕"建设制造强市、打造区域中心"的发展目标，深入践行"绿水青山就是金山银山"的发展理念，聚焦生态保护这篇大文章、聚焦产业转型跑出了加速度、聚焦价值转换探索新路子，有效地推动了"生态颜值"转化为"丰厚价值"，青山常在、绿水长流、空气常新已经成为上饶市最靓丽的生态名片。

徐树斌在致辞中说，婺源将以此次交流会为契机，认真学习好经验、好做法，全力守护"绿色发展家底"，研究破解"绿色发展难题"，持续完善"绿色发展制度",加快培育"绿色发展动能",奋力谱写美丽中国的"婺源篇章"。

会上总结、推广了婺源县生态文明建设的经验和做法。近年来，婺源县委、县政府始终秉持习近平生态文明思想理念，坚持"生态产业化、产业生态化"不动摇，创新生态入股的"篁岭古村"模式、乡村振兴的"望山生活"模式、旅游升级的"文旅融合"模式，创建婺源县两山转化中心，搭建生态产品价值实现公共服务平台，破解生态产品信息孤岛难题，打通"资源—资产—资本—资金"的"两山"转化新路径，走出了一条生态环境高水平保护与经济社会高质量发展有机融合的新时代"婺源之路"。

此次交流现场会为期一天半，来自全国各地近50名代表参加会议。通过交流各地绿色发展典型案例，梳理绿色发展面临的难题和问题，研讨解决难题和问题的对策。

会议期间，与会人员还到婺源县"两山"转化中心、赋春镇严田村巡检司村"望山生活"项目、思口镇延村、江湾镇江湾村、篁岭村、大畈村婺源歙砚文化博物馆、婺女洲等地进行实地调研。

（由胡志骅、戴鸿执笔）

婺源醉美自然保护地

后记

　　自然保护地是由各级政府依法划定或确认，对重要的自然生态系统、自然遗迹、自然景观及其所承载的自然资源、生态功能和文化价值实施长期保护的陆域或海域。

　　建立自然保护地，本质上是人与自然的空间约定，把一部分国土空间作为自然的自留地，免受人类活动干扰。自然保护地具有双重功能，首先是保护生态的主体功能，即守护自然生态，保育自然资源，保护生物多样性与地质地貌景观多样性，维护自然生态系统健康稳定，提高生态系统服务功能；其次是提供多样化社会服务，提供优质生态产品，提供科研、教育、体验、游憩等公共服务。

　　婺源自然保护地拥有国家级自然保护区、县级自然保护区及自然保护小区，国家森林公园、国家湿地公园、省级森林公园等，面积33830公顷，占全县总面积11.4%。构成了婺源保护珍稀野生动植物资源、自然景观、自然遗迹、水源涵养等生态建设的核心载体和自然保护地体系。

　　婺源自然保护地缘于婺源自古以来就秉持"枯枝落叶不得挪动""赤膊来龙光水口，生下儿孙往外走""杀猪封山"等爱护树木、尊重自然的传统理念。经历了"以封为主，封、造、改相结合"的林业发展方针，实施了1987年、1993年、2000年三次大规模封山育林，划定"禁伐区"面积达170万亩，从而为后来首创县级自然保护小区191处等工作奠定良好基础。2009年至2018年，婺源县人大常委会作出"天然阔叶林十年禁伐到长期禁伐"的决定，为由砍树卖木材资源转变到护林保生态环境的历史性转折打下坚实基础，更为婺源实现全县AAA景区和全域旅游厚植沃土，同时彰显婺源践行"绿水青山就是金山银山"的习近平生态文明思想的成果，最终拓宽"两山"转换通道，实现高质量发展，创造最美乡村发展模式——婺源模式。

2013年，党的十八届三中全会首次提出"建立国家公园体制"；2017年，党的十九大报告首次提出"建立以国家公园为主体的自然保护地体系"，中共中央办公厅、国务院办公厅发布《建立国家公园体制总体方案》；2019年，中共中央办公厅、国务院办公厅发布《关于建立以国家公园为主体的自然保护地体系的指导意见》。婺源县发展和改革委员会、婺源县老科学技术工作者协会、江西婺源森林鸟类国家级自然保护区管理中心联合撰写《婺源醉美自然保护地》这本书，全面介绍了婺源自然保护地从无到有、从小到大、从点到面、从单一到多样、从多头管理到集中统一的发展历程。本书的出版，对于全社会认识和了解自然保护地在保护和维护自然生态、保育自然资源、保护生物多样性与地质地貌景观多样性、维护自然生态系统健康稳定、提高生态系统服务功能等方面，具有重要意义。

令人难忘的是2023年10月11日下午，习近平总书记来到婺源县秋口镇王村石门自然村，实地考察调研了江西婺源饶河源国家湿地公园的中心区，这里也是极度濒危鸟类蓝冠噪鹛自然保护小区。区域内植被多样、生态良好。习近平总书记详细了解了湿地公园和蓝冠噪鹛保护等情况，极大地鼓舞了全县人民，为做好自然保护地工作指明了方向。

为使本书的内容更加简明和通俗易懂，在编写过程中，对非重点保护兽类、鸟类、野生植物、昆虫、两栖动物、鱼类、生物遗传资源中动植物条目的具体内容、拉丁文名称，以及无婺源保护地具体内容的文章进行了删减。

感谢江西财经大学生态文明研究院、江西农业大学林学院、中国科学院庐山植物园、上饶师范学院生命科学学院、景德镇学院生物与环境工程学院等单位及作者和婺源老乡的支持与撰稿，感谢热心的专家、学者、摄影师的供稿、供图！

在此，要特别感谢江西婺源茶叶职业学院副院长何宇昭同志，以及紫阳县第二小学退休教师汪发林先生，为本书各提供一篇未署名文章。

汪桂福

2023年11月

后记